Yuji's Favorite Coffee Recipe

冠军咖啡师的玩味技法

[日] 门胁裕二　著
张华英　译

光明日报出版社

日本岛根县松江市的**CAFFÈ VITA**（维塔咖啡） 将美味咖啡的**冲泡方法**传递给**喜爱咖啡的您**

Yuji's Favorite Coffee Recipe

Contents 目录

Part 3

序言

我已经在CAFFÈ VITA（维塔咖啡）这家店度过了11年与咖啡为伍的日子。

在这里，我进行过许多次尝试，也在错误中努力修正，这些经验让我获得许多宝贵资讯，逐渐解决了我过去曾有的疑问，因而写了这本书。

萃取咖啡时，时间、分量、步骤是三大关键。

只要按照步骤多尝试几次，一定可以成功萃取出美味的咖啡，请不要着急，一步步慢慢练习。

至于咖啡的分量，以2g为1个单位，喜欢浓郁口感的可以多加一点，喜欢清淡风味的可以减少一些。

蛋糕也一样，只要依循步骤制作就不会有问题，请放心地尝试，尽情享受制作过程的乐趣。

若通过本书，能让我的想法多少成为各位读者在咖啡生活上的支持，我将感到无比荣幸与喜悦。

CAFFÈ VITA　**门胁裕二**

美味咖啡的冲泡方法

在家里冲煮咖啡的优点，在于能够随时享受。
至于必须要有特殊器材才能调制的咖啡种类，则要交给专业店处理。
各位可在轻松简单却能掌握要点的情形下，冲煮美味的咖啡。

在家里冲煮咖啡时，有两点需要注意：
其一，咖啡粉的分量不正确；其二，热水的温度太低。
要解决这两个问题，需牢记以下内容。

咖啡粉的分量要正确

　　测量咖啡粉的分量时通常是使用量匙，但有时会因咖啡豆的烘焙程度而出现误差，造成冲煮后的味道无法固定。为了能正确测量，最好使用数字式电子料理秤。

要使用温度够烫的热水

　　萃取时使用85~90℃热水的人居多，但咖啡的油分必须要95℃以上才会溶出，所以在家里冲泡时，使用刚沸腾的热水才能充分地萃取出咖啡的成分。

价格低廉的数字式电子料理秤。最好挑选在秤上放置容器的状态下能够归零的类型。

如果将沸腾的热水直接注入，通过水壶口的时候会发出滋滋的声音再次沸腾。最好在注入杯子前先流掉一点，让注入口畅通。

在part 1，将依器具介绍冲泡出美味咖啡的重点。

关于咖啡

我喜爱咖啡的程度，已经到了一天不喝咖啡就会觉得少了什么而感到头痛的地步。
美味的咖啡就像巧克力一样，带有甜蜜、香醇的味道。
有顾客在喝了一口我冲煮的咖啡后，说道："有股弥漫在味蕾的香醇。"
为了让各位也能享受到这样香醇的咖啡，我将从咖啡豆开始介绍。

咖啡豆＆混合调制

我认为咖啡和生鲜食品一样，"新鲜度"和"保存方法"最为重要。出现酸味、苦涩等味道，是
因为烘焙不充分或烘焙过度所致，酸味就像是水果般，苦味则在柔软的深处，都是咖啡本身就带有的
味道。在家里冲煮时，切勿在购买后长期放置（勿超过1个月），必须在新鲜状态下使用完毕。另外，
在保存方面，若是放置在常温状态下容易氧化，最好采取冷冻保存。

主要的咖啡豆种类

从众多咖啡豆中，挑选出特征迥异的5种类型加以介绍。

巴西（Brazil）

容易使用的标准咖啡豆。有隐约的
甜味与巧克力般的深刻香气。余韵
是其特征。

危地马拉（Guatemala）

酸甜均衡的优异咖啡豆。有类似番
茄般的酸味轻轻消逝的余韵。

哥伦比亚（Columbia）

有成熟的香气与甜味，是优雅的香
味与橙子般的酸味调和的风味。

**曼特宁
（Mandheling）**

有草本的香气，是浓郁、醇厚的
风味。会在口中留有稳重、厚实的
余韵。

**摩卡耶加雪啡
（Mocha Yirgacheffe）**

从摩卡港（叶门共和国）装运发送的
咖啡，一般统称为摩卡（Mocha）。
耶加雪啡带有的柠檬般香气是其特征，
是清淡口味的稀少咖啡豆。

混合各种类型的咖啡豆做出喜欢的味道

尝试着混合上页介绍的5种咖啡豆。
更改组合与比例，制作出自己喜欢的口味！

　　将混合调制想象成制作料理的状态，应该更能具象理解。少放一点砂糖，将盐当做主调，再加一些辛香料，就是类似这样的情形。咖啡的颜色也是其特征之一，通过混合调制，可以做出具有深度的颜色。不过，过度混合会使颜色变暗，所以也可以在单一色调中添加亮色的咖啡，享受不只是味道还有咖啡本身的多重乐趣。

　　主要使用方法的标准如下：
　　巴西、危地马拉、哥伦比亚这3种，即使调制比例占有50%以上，也不会破坏整体的平衡感。曼特宁的个性较强烈，最好将比例控制在30%以下，如果超过这个比例，咖啡整体的口感会偏向曼特宁，变成被曼特宁支配的味道。

巴西（Brazil）…希望余韵带有甜味时。味道较淡，分量需要多一些。

危地马拉（Guatemala）…希望凸显酸味时。

哥伦比亚（Columbia）…希望诱发出中间的味道时。余韵较弱。

曼特宁（Mandheling）…希望在品尝后立即感受到味道时（有许多咖啡在感觉到味道前需要时间酝酿，它们被称为"缓慢启动式咖啡"。这时，可利用味道强烈的曼特宁辅助启动）。

摩卡耶加雪啡（Mocha Yirgacheffe）…希望添加香气时。

**适合初学者进行
混合调制的简单方法**

1　将想做出的口味的咖啡粉8g用100mL的热水冲煮。
2　在电子料理秤上放一个空量杯，将料理秤归零，然后将萃取好的咖啡混合，使其总和为100g。
3　调整比例，做出喜欢的味道。

研磨方法&咖啡豆研磨机

依照研磨方法不同，萃取出的咖啡风味会有所改变。一般来说，粗研磨还是细研磨是由萃取时使用的器具决定的。以下将介绍研磨方法的种类，以及研磨器具和咖啡豆研磨机（磨豆机）。

4种研磨方法

从粗研磨到极细研磨，分成4大类。

粉末颗粒的大小是以筛孔（Mesh）为单位表示的。粉末越细，就越容易萃取出成分，所以在萃取方法上，像浓缩咖啡Espresso这种萃取时间较短的，就要使用颗粒细的粉末；滤纸滴漏法这种萃取时间稍微长一点的，则要使用较粗的粉末。

粗研磨

颗粒比粗砂糖还大。适合需要长时间的萃取方法，本书中没有使用。

中研磨

颗粒比细砂糖稍微大一点。适合滤纸滴漏法（Drip）、塞风壶（Siphon）、法式滤压壶（French Press）。

细研磨

颗粒大约是食盐的大小。即使分量相同，萃取结果仍比中研磨的速度慢、味道浓。想要冲煮出较浓的口感时，可以使用这种方式萃取。

极细研磨

精致砂糖的大小。适合短时间萃取的浓缩咖啡Espresso使用。

各种咖啡杯的正确用途

早餐的咖啡用大容量的咖啡杯，餐后的浓缩咖啡Espresso用精巧的小咖啡杯，咖啡杯就是像这样根据盛装的咖啡种类决定的。

挑选咖啡豆研磨机

将咖啡豆研磨成粉末的研磨器具和研磨机（磨豆机），种类很丰富。
需依咖啡的冲煮方法挑选。

　　大略可分为手动式和电动式。手动式的比较有气氛，研磨时可以闻到咖啡豆的香醇味道，沉浸在欢愉的咖啡时光，因而有许多忠实的使用者；电动式的魅力在于丰富多元的功能性。从众多商品中挑选时，刀盘是判断重点。刀盘分为立体式锥形锯齿刀（Conical Burrs）和平面式锯齿刀（Flat Burrs）两种，两者差异在于旋转数和刀盘的形状。

　　立体式锥形锯齿刀（锥铁式）价格比较高，但转速低，研磨时产生的摩擦热较少，对咖啡豆的损伤较小，所以能研磨出有浓郁香气的咖啡粉；平面式锯齿刀（刀片式）价格比较便宜，属于高转速，能享受到鲜明的咖啡味。

手动式	**电动螺旋桨式**	**滴漏用**	**浓缩咖啡用**	**浓缩咖啡Espresso专用**
成本低，气氛愉悦。无法研磨出比中研磨更细的程度。	家庭用，能随时轻松使用。研磨度可达到细研磨。电源开关重复约20次，为中研磨；约30次则是细研磨。价位一般每台4000～5000日元（人民币200～250元）。	耐久性佳。刀盘是平面式锯齿刀和立体式锥形锯齿刀的组合版。不太会出现摩擦热，采用拨盘式，可轻松调整筛孔。每台约2万日元（约人民币1000元）。	滤纸滴漏法的咖啡至浓缩咖啡Espresso皆适用。刀盘是锥形锯齿刀。只需要按下开关，就能根据研磨类型更改转速。每台约1万日元（约人民币500元）。	商业型的专业用咖啡豆研磨机小型化的产品，动力强。刀盘是平面式锯齿刀。每台约15万日元（约人民币7500元）。

 a　咖啡杯
一般咖啡用的杯子。适用于滴漏式咖啡。

 b　卡布奇诺杯
陶瓷制品。卡布奇诺是由浓缩咖啡Espresso 30mL和奶泡120mL调制而成，合计150mL，所以要选择容量为150～180mL的咖啡杯。

 c　小咖啡杯
小咖啡杯的英文为DEMITASSE，当中的DEMI是指1/2，TASSE是指杯子。作为以1盎司（约30mL）为1单位的浓缩咖啡Espresso使用，倒满至边缘可容纳90mL。

 d　意式拿铁杯
盛装以浓缩咖啡Espresso 30mL加上比卡布奇诺更多的奶泡调制而成的拿铁。意式系列会使用能容纳8盎司（约240mL）的杯子。

 e　西雅图拿铁杯
西雅图系列的拿铁分为8盎司（约240mL）和12盎司（约360mL）两种，会使用比意式系列更大的杯子。

 ★
浓缩咖啡Espresso
用计量杯Shot glass

在不熟悉分量时使用有刻度的计量杯（Shot glass）会很有帮助。浓缩咖啡Espresso的供应量通常是以"份（shot）"为单位计算。1份为30mL，称为Solo（即Single）；2份为60mL，称为Doppio（即Double）；浓度加倍的Espresso（15mL），称为Ristretto。

依器具区分的美味冲煮方法

滤纸滴漏法（Paper Drip）   **塞风壶（Siphon）**

　　冲煮咖啡时所出现的些微差异，反映的是冲煮时使用的过滤器的性质不同。简单来说，就是有无过滤咖啡油脂（CREMA）的差异。使用筛孔密集、能过滤油分（油脂不会通过）的咖啡滤纸时，可以萃取出清爽的咖啡；使用无法滤掉油分（油脂会通过）的金属滤网时，萃取的咖啡会带有油脂而出现香浓的柔顺感；法兰绒过滤器则介于两者之间。另外，即使同样是用爱乐压（Aero Press）冲煮，如果使用咖啡滤纸则不会有油脂，使用不锈钢过滤器则会有油脂。

爱乐压（Aero Press）
（不锈钢过滤器）

法式滤压壶（French Press）

浓缩咖啡机（Espresso Machine）

采用金属滤网的浓缩咖啡机，加上热水压力这项特殊要素，能萃取出更浓缩的咖啡。有饮用咖啡油脂的感觉。

滤纸滴漏法
paper drip

这是在家里冲煮美味咖啡时最容易、最方便的方法。虽然已被普遍采用，但错误的操作也很多，在此向各位提供我所认为的正确方法。

为了能顺利萃取咖啡的成分，要仔细且缓慢地将热水倒入，让热水和咖啡粉以对流的状态逐渐滴落。不要将热水倾注到滤纸上，要让滤纸的内侧出现咖啡粉附着的层次。

如果萃取了超过冲煮分量的量，会使整体味道变淡。因此，达到目标分量后，要尽快移开咖啡滤杯。

coffee

咖啡粉（中研磨）·12g
热水·适量
萃取量·250mL
＊以上比例为1杯的量。制作2杯时的比例为咖啡粉18g、萃取量400mL。

coffee things 器具、工具

咖啡滤纸
符合咖啡滤杯大小的滤纸。
经过漂白程序的产品纸浆味道会淡一些。

咖啡滤杯
图片的产品是底部平整、只有1孔的陶瓷制品。
底部尖尖的产品热水不容易对流。

咖啡分享壶
滤纸滴漏法一次能冲煮的分量最多只有3人份。
咖啡分享壶不要挑选太大的。

滴漏壶（手冲壶）
倾注热水时，能让热水不会太稀疏也不会太大量的滴漏壶（手冲壶）。
图片是YUKIWA-M型的咖啡滴漏壶。

Let's make coffee 来冲煮咖啡吧!

准备

将咖啡滤纸的侧面和底部往相反方向折好,备用。

1

将咖啡滤纸轻轻组装在咖啡滤杯内,放入适量的咖啡粉。

2

为使热水能呈对流状态般均匀分配在咖啡粉上,可轻轻摇晃咖啡滤杯。

不要将热水直接倾注在咖啡滤纸上

3

缓慢地注入热水。微微移动滴漏壶(手冲壶),让没有淋到热水的部分也能淋到。

4

咖啡粉膨胀起来,待膨胀成最大的山形时,停止注入热水,蒸煮3~4秒。

5

膨胀起来的山形变得平坦后,注入热水使咖啡粉再次膨胀起来。

6

等膨胀起来的山形变成塌陷的锥状后,再次注入热水,反复这个步骤。

＼呈现塌陷的锥状就成功了!／

遵守要萃取的分量

7

查看咖啡分享壶上的刻度,如果已经到了要萃取的分量(250mL),就停止注入热水,移开咖啡滤杯。

8

如果超过了分量,萃取出的咖啡液会变淡(观察溶液的颜色)。因此,达到萃取的目标分量后,就移开咖啡滤杯。

9

均匀搅拌萃取完成的咖啡,并注入到咖啡杯内。
＊器具可水洗。

塞风壶
siphon

用塞风壶冲煮，口感会如同滤纸滴漏法一般清爽。然而，油脂多少会通过法兰绒过滤器，因此与滤纸滴漏法相比，塞风壶冲煮的成品色泽较深，味道也比较重。搅拌后出现的泡沫、咖啡粉、萃取液3个层次的状态，以及将酒精灯移开后，咖啡滴落到烧瓶中的状态等，能用双眼感受到冲煮咖啡过程中的乐趣，非常具有魅力。

重点在于两次搅拌的时机和移开酒精灯（煮火）的时机。最好用计时器计算时间。

另外，器具是玻璃制品，加热后很烫，冲煮时务必格外小心。

coffee

咖啡粉（中研磨）·15g
热水·160mL
萃取量·150~160mL

＊以上比例为1杯的量。制作2杯时的比例为咖啡粉21g、萃取量300mL。

coffee things 器具、工具

烧杯
放入咖啡粉，用升上来的热水进行萃取。

过滤器
连接链条的过滤器上罩着法兰绒的过滤装置。链条的顶端装有防止热水突然沸腾的沸腾石。

烧瓶
热水沸腾后传送到烧杯中，最后是扮演咖啡分享壶的角色。

酒精灯
扩散灯芯的顶部，调整火力。

竹铲
搅拌使用的竹制铲子。搅拌时若能做到不碰触到玻璃部分，可以用汤匙代替竹铲。图片中的竹铲为特制品。

计时器
最小单位可计算到秒的数字式计时器。

17

Let's make coffee 来冲煮咖啡吧!

准备

1 将装好法兰绒的过滤器放入烧杯里,拉出链条,挂在玻璃管上。

2 将法兰绒过滤器调整至烧杯的中心位置。

1
将热水倒入烧瓶里,稍微倾斜烧杯,然后点火。如果从冷水煮至沸腾,烧瓶会过热,所以最好倒入事先煮沸的热水。另外,避免从一开始就完全插入烧杯,以免发生危险。

2
热水逐渐沸腾,气泡开始从链条端(沸腾石)冒上来。

3
到图片这个状态后,即可将咖啡粉放入烧杯内。最后烧瓶里会剩下一些热水,咖啡粉的分量可多放一点,避免味道太淡。

4
将烧杯完全插进烧瓶里。

5
烧瓶里的热水爬升到烧杯中,蒸煮咖啡粉。

第1次搅拌

6
进行第1次搅拌。用竹铲由上而下像敲打般混合。

7

搅拌后出现表层是泡沫，其次是咖啡粉，最底层是萃取液的三个层次。

30秒后
第2次搅拌

8

间隔30秒后，安静且缓慢地进行第2次搅拌。

9

混合均匀的状态。

10

第2次搅拌结束后，移开下面的酒精灯，将火熄灭。

11

萃取液通过过滤器从烧杯流到烧瓶里。刚开始会慢慢流入。

12

最后一下全部流入。

13

残留在烧杯中的咖啡粉呈现拱顶状态，就是充分萃取的证明。

14

完全流进烧瓶后，用手指抵住烧杯倾斜着往前推，使烧杯和烧瓶分离。

15

轻轻往上拿，将烧杯拔开，然后将烧瓶内的咖啡倒入咖啡杯内。
＊器具可水洗。过滤器需浸在水中并冷藏保存。

爱乐压
Aero Press

　　爱乐压（不锈钢过滤器）是由AEROBIE公司制造的咖啡冲煮器，它的崭新外形吸引了众多咖啡爱好者的目光。

　　爱乐压的构造非常简单，是运用圆筒内的空气推挤释出热水，让热水通过放在过滤器中的咖啡粉。咖啡的成分就这样被萃取出来，所以能品尝到咖啡最纯粹的味道。另外，后期清洗方便也是它的魅力所在。

　　过滤器以滤纸过滤器最为常见，使用时也很方便，但若是使用不锈钢制的过滤器，则油脂也会通过，能够冲煮出含咖啡油脂的深刻味道。滤纸过滤器和不锈钢过滤器的冲煮方法只有些微不同，我要将这2种方法都介绍给您。

coffee

咖啡粉（中研磨）·12g
热水·适量
萃取量·120mL

coffee things 器具、工具

萃取时需要在咖啡杯上施力，因此要准备坚固的咖啡杯。

针筒
组装好装有过滤器的滤器盖，放入咖啡粉和热水，进行过滤。

活塞
倒入热水，施加压力，萃取出咖啡。

滤器盖
放入过滤器。

过滤器
分为滤纸过滤器（专用特殊滤纸）和不锈钢制的过滤器（图片左侧是专用特殊滤纸，右侧是不锈钢过滤器）。

滴漏壶（手冲壶）
倾注热水时，能让热水不会太稀疏也不会太大量的滴漏壶（手冲壶）。图片是YUKIWA-M型的咖啡滴漏壶。

竹铲
搅拌使用的竹制铲子，也可以用汤匙代替。图片中的竹铲为特制品。

计时器
最小单位可计算到秒的数字式计时器。

Let's make coffee 来冲煮咖啡吧!

＊有一开始就将针筒组装在活塞上的方式A和完成萃取前的准备后才进行组装的方式B两种。想要浓郁口感时，可采用方式A；想要清爽口感时，可采用方式B。本篇用滤纸过滤器（专用特殊滤纸）搭配方式A，不锈钢过滤器搭配方式B，至于过滤器的种类和A、B的搭配方式，可依个人喜好自行组合。

准备

使用滤纸过滤器

（专用特殊滤纸）时，需将滤纸安装到用水浸湿的滤器盖内，让滤纸可以从内部到边缘皆完全密合。

使用不锈钢过滤器

时，需将印字的那一面朝下，镶嵌到滤器盖内。

A 一开始就组装好活塞＋滤纸过滤器

1
将活塞插入到针筒刻度4的位置。

2
将针筒的过滤器安装口朝上放，将咖啡粉倒入针筒中。

3
将沸腾的热水注入至刻度2的位置。

4
注入热水后的状态。咖啡粉会膨胀起来，这是还没有与热水搅拌混合的状态。

第1次
搅拌

5
用竹铲搅拌。第1次搅拌只要搅拌至咖啡粉和热水混合即可。

6
再次注入热水至边缘。

第2次
搅拌

7
再次用竹铲搅拌。

静候
30秒

8
仔细搅拌至颜色呈现出融合的状态，静候30秒。

9
装上已组装好过滤器的滤器盖。

10
翻过来盖在坚固的咖啡杯上，慢慢挤压。

维持
固定间隔

11
力道不要太强，让活塞和咖啡液面维持固定的间隔，并持续下压。

12
不要挤压到最底部，达到萃取的分量（120mL）就停止。

13
将剩下的咖啡液（会变得比较淡）挤压到另一个容器内。

14
拆下滤器盖，将咖啡粉挤压出来。
＊器具用洗洁精清洗，再用热水涮过后，将水汽擦拭干净。

1

将装有过滤器的滤器盖组装在针筒上。

2

将滤器盖朝下放在坚固的咖啡杯上，再放入咖啡粉。

3

注入滚烫的热水至刻度4的位置。过滤器是专用特殊滤纸时，要分成两次注水（参照P.21）。

4

用竹铲充分搅拌，使颜色呈现融合的状态。

立刻萃取

5

插入活塞，不要等待，立刻进行挤压。

维持固定间隔

6

让活塞和咖啡液面维持固定的间隔，并持续下压，达到萃取的分量（120mL）就停止。

＊器具用洗洁精清洗，再用热水涮过后，将水汽擦拭干净。

左侧是用不锈钢过滤器，右侧是用滤纸型过滤器冲煮的成品。不锈钢过滤器的成品会含有咖啡油脂，使色泽和口感都比较浓；滤纸过滤器能隔绝咖啡油脂，使口感较为清爽。

法式滤压壶
french press

法式滤压壶也经常被用来萃取红茶。冲煮咖啡时就像冲煮茶叶般，只要将热水注入到咖啡粉上，然后静候4分钟即可。由于使用的是金属过滤器过滤，咖啡的油脂成分也能够通过，所以冲煮后成品的色泽和口感都比较浓郁，是有点接近浓缩咖啡Espresso的滴漏式咖啡（Drip coffee）。由于咖啡成分会全部集中到1杯里，因此如果咖啡豆的品质不佳，便会出现涩味而不好喝。

若没有浓缩咖啡机，用法式滤压壶冲煮一杯香浓的咖啡，同样可以享受到浓缩咖啡Espresso般的浓醇口感。

 coffee

咖啡粉（中研磨）·18g
热水·适量
萃取量·150mL

 coffee things 器具、工具

烧杯

活塞
与金属过滤器（金属滤网）合成一体。

金属过滤器（金属滤网）

虽然有很多制造商做出非常多材质、容量、设计皆不同的法式滤压壶，但利用与金属过滤器一体成型的活塞萃取出咖啡的这项构造却是相同的。

计时器
最小单位可计算到秒的数字式计时器。

竹铲
搅拌使用的竹制铲子，也可以用汤匙代替。图片中的竹铲为特制品。

滴漏壶（手冲壶）
倾注热水时，能让热水不会太稀疏也不会太大量的滴漏壶（手冲壶）。
图片是YUKIWA-M型的咖啡滴漏壶。

Let's make coffee 来冲煮咖啡吧!

准备

1 用滚烫的热水温热烧杯，备用。

2 将计时器设定为4分钟，设定成能立即启动的状态，备用。

1
将咖啡粉倒入烧杯中，稍微摇晃一下，让咖啡粉分布均匀。

2
像画圆一样注入热水，浸湿全部咖啡粉，倒入约一半（75mL）的分量。

3
用竹铲轻轻搅拌，让咖啡粉和热水融合。

4
再次注入热水至注入口的边缘下方。

搅拌均匀

5
充分搅拌。

6
一开始呈分离状态，搅拌至偏白色。

静候
4分钟

7
盖上盖子（不要按压活塞），启动设定好4分钟的计时器，静候。

慢慢按压

8
4分钟后，将活塞慢慢往下按压。

9
直接注入到咖啡杯中。
＊器具用洗洁精清洗，再用热水涮过后，将水汽擦拭干净。

浓缩咖啡机
espresso machine

常有人说"想要品尝咖啡的油脂感，莫过于来一杯Espresso"，浓缩咖啡机（Espresso Machine）正是它的冲煮方法。浓缩咖啡Espresso的发源地在意大利。过去，不去专门店就无法品尝到的Espresso，现在因家庭用的浓缩咖啡机盛行而普及，让人对Espresso感到亲切、熟悉。

经过咖啡机中加压的热水强力挤压，让热水通过装填在把手专用过滤器中的咖啡粉，萃取出咖啡液（即Espresso）。虽然只有少少的1盎司（30mL），却是标准的1杯，拥有巧克力般香醇浓郁的味道，让人能以30mL就充分获得满足感。直接品尝，有类似略苦巧克力的味道；放入砂糖，则能变身为甜巧克力的风味。

为了能冲煮出美味的咖啡，最好使用刚研磨好的新鲜咖啡粉。以研磨后立刻或是在3分钟以内开始冲煮的状态进行研磨准备。顺利进行所有步骤后，在咖啡杯的表面会出现称为浮沫的泡沫，如果浮沫呈现茶褐色，就是成功萃取的标志。添加上鲜奶，就能做出拿铁或卡布奇诺。

coffee

咖啡粉（极细研磨）·12～16g（依咖啡机状态进行增减）
热水·适量（以咖啡机为准）
萃取量·30mL（含浮沫）

coffee things 器具、工具

家庭用的浓缩咖啡机冲煮30mL的咖啡液时，过滤器的尺寸会比咖啡店专用的小，如果是2个萃取口的咖啡机，可同时制作2个15mL，混合成30mL即可。图片中使用的是LUCKY COFFEE MACHINE出产的BONMAC BME-100咖啡机。

把手（右）和把手专用过滤器
组装在咖啡机上装填咖啡粉的金属制过滤器。需将把手专用过滤器（Portafilter）装入把手内使用。

咖啡填压器
用来按压装在过滤器内的咖啡粉的工具。图片是咖啡机附属的配件，是附有量匙的填压器。

咖啡渣盒
专用的咖啡渣盒会设计成符合浓缩咖啡机专用过滤器的形状，非常好用。

计量杯
测量浓缩咖啡Espresso的萃取量（参照P.11）。

Let's make coffee 来冲煮咖啡吧!

准备

1 将过滤器组装到咖啡机上,温热备用。

2 将咖啡杯和计量杯放在咖啡机上,温热备用。然后浸到热水里温热,并将水汽擦拭干净。

使用浓缩咖啡机冲煮时,如果萃取时间很短,说明筛孔过于粗大,要将研磨方式设定为细研磨;若萃取时间过长,就设定成粗研磨。

重要步骤

1
选用极细研磨的咖啡豆,大量地装进把手专用过滤器内。

2
用手指将表面抚平,去掉多余的咖啡粉。

用力填压

3
用咖啡填压器按压咖啡粉。垂直、用力按压。

4
压缩至即使将握把翻过来粉末也不会掉落的状态较为合适。被压缩的粉末需低于边缘约3mm,表面呈水平状态才不会萃取不均匀。

5
组装在咖啡机的过滤器安装口上。

6
两个萃取口下分别放置已温热好的咖啡杯和计量杯,然后按下萃取键。

遵守要萃取的分量

7
利用计量杯的刻度确认已达15mL (萃取时间约30秒)。

8
从咖啡机萃取口下方同时移开咖啡杯和计量杯,并停止咖啡机。

9
将计量杯的咖啡倒入咖啡杯内,合计完成30mL的量。

espresso

10
进行咖啡机的后置处理。打开真空气阀，将积存在蒸汽管和喷嘴的水排掉。

11
过滤器里还有压力残存，因此萃取后必须先静候约2分钟再拆下来。

12
将过滤器扣放在咖啡渣盒上，轻轻敲几下，倒出里面的咖啡粉。

13
用纸巾擦拭干净，重新组装到咖啡机上，温热备用。之后，可以冲煮第2杯浓缩咖啡Espresso。

14
浓缩咖啡Espresso全部萃取完后，关掉咖啡机机体的开关，用刷子清洁萃取口上沾到的污垢。

15
将过滤器放在热水中或稀释的洗洁精内浸泡数小时，将细小的污垢清洁干净。如果握把处有螺丝，就只浸泡过滤器的头部位置，以免生锈。之后用清水洗净并擦拭掉水汽。

附着在咖啡杯内缘的不是污垢。

这是为了防止过度萃取，将咖啡杯从咖啡机底下移开时，从萃取口滴落下来的咖啡液滴痕，被称为"Angel Stain（天使污点）"。在西雅图当地，人们认为如果没有这个滴痕，咖啡就不会好喝，甚至还有人会因此而不喝呢。

所以，将咖啡杯从咖啡机底下移开时，不用担心会有滴痕的问题，尽情让它滴出Angel Stain吧。

奶泡的调制方法
about steamed milk

　　制作特调饮品时不能缺少的是鲜奶，只是稍微加热也可以，如果用浓缩咖啡机来调制奶泡，更能够享受咖啡的出色风味。如果没有咖啡机，也可以用奶油分离壶（Creamer）或电动奶泡器（Milk Foamer）等器具打出奶泡使用。

重点 1　分量多一点、容器大一点

　　鲜奶要准备得比预调制的分量更多一点。打发成泡沫后，体积会变成1.5倍以上，所以必须使用容量足够大的容器（杯子或水壶）。图片中是12oz（300mL）的大水杯，鲜奶用约一半的量（150mL），会比较容易操作。

准备比需要量多一些的冰鲜奶，放入可容纳超过2倍量大小的容器。

用于调制卡布奇诺等咖啡后剩余的奶泡。

重点 2　遵守温度

　　鲜奶超过65℃会变质，并丧失原有的甘甜。

　　用浓缩咖啡机调制时，利用蒸汽管会让鲜奶立刻变烫，所以要准备冰的鲜奶，快速打出奶泡。

　　用电动奶泡器调制时，可先用微波炉将鲜奶加热，但不要加热到太烫。

　　最终的成品温度可依个人喜好调整，但我认为最能感觉到鲜奶美味的温度是50～55℃。

用浓缩咖啡机调制时

重点 3　注意角度

　　用浓缩咖啡机调制时，将容器倾斜，喷嘴从鲜奶表面插入到直角的位置，让喷嘴的顶端低于鲜奶表面，浸在鲜奶当中。

　　用电动奶泡器调制时，做法与使用咖啡机时同样。让奶泡器从鲜奶表面以倾斜的角度放入容器内，以悬空提起的方式拿着奶泡器，不要让奶泡器接触到容器的底部。

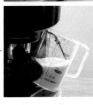

用电动奶泡器调制时

用浓缩咖啡机调制时

打发奶泡时，要准备比预定使用的分量多一些的冰鲜奶。

1
按下打奶泡的按键。

注意
不要烫伤

2
打开真空气阀，启动蒸汽，排出蒸汽管内的水和蒸汽。

3
将装有冰鲜奶的大水杯放在咖啡机前面，让鲜奶表面和喷嘴呈直角，确认喷嘴的顶端低于鲜奶表面且浸入鲜奶中，打开蒸汽。

4
刚开始3秒钟会出现"嗞嗞"的声响，并打出大的泡沫，然后将喷嘴的顶端插入地更深，让鲜奶整体都被打发成泡沫。

5
打发至触摸大水杯的边缘会感觉到发烫的程度。鲜奶超过65℃会变质，所以必须快速进行。

完成品约
50～55℃

6
关掉开关，移开容器。完成品的温度在50～55℃之间。握住把手轻轻地敲一下底部，让较大的泡沫破裂。

7
由于蛋白质会凝固，使用后要立刻用湿布或毛巾擦拭喷嘴。

注意
不要烫伤

8
启动蒸汽，将蒸汽管内清洁干净，备用。

用电动奶泡器调制时

不启动蒸汽，用电动奶泡器打发出泡沫，同样能做出绵密又轻质的鲜奶泡沫。没有浓缩咖啡机时，使用能轻松购得的电动奶泡器，也是很不错的选择。

奶泡器分为电动和手动两种。图片是HIRIO的电动奶泡器。

1
将鲜奶200mL用微波炉（500W）加热1分30秒，将奶泡器放入后启动开关。

2
用奶泡器打出泡沫。倾斜容器，以悬空提起的方式拿着奶泡器，不要让奶泡器接触到容器的底部。

完成品约
50~55℃

3
泡沫的分量达到约1.5倍且呈现出浓稠有光泽的状态，就表示完成了。完成品的温度为50~55℃。

Let's make use of steamed milk 马上试试看!

简单的拿铁拉花

上层摆放泡沫（奶泡），做出卡布奇诺风格的咖啡。

那一年，我在意大利的咖啡馆

曾去过意大利的朋友或许知道，在意大利当地，没有像日本咖啡馆这样的地方。当地人都是在BAR品尝酒类、咖啡，或点些简单的餐点食用。日本的BAR只供应酒类，咖啡馆则只供应咖啡（我的店也是如此），然而在意大利当地，早餐不是在家里食用，而是在BAR点一份欧式羊角面包布莉欧（Brioche）和卡布奇诺等食用。

其实，咖啡（CAFFÈ）这个单词，在意大利文里是指浓缩咖啡Espresso。

意大利当地的点餐方式也和日本略有不同。先在柜台点餐和付款，领取收据后将收据拿到吧台，吧台的咖啡师会撕下一半的收据，这就是已受理点餐的意思。然后，由咖啡师送出点餐的商品。这是坐在吧台品尝的情形。如果是坐在一般的座位，则和日本的咖啡馆一样，由服务员在座位旁帮忙点餐。不过，一般座位的费用要高出许多，金额大约是吧台的3倍左右。

请在Espresso里放入稍微多一点的砂糖，可以品尝到类似巧克力的香醇口感哦！

即使没有浓缩咖啡机

即使没有浓缩咖啡机，
若打算做出浓缩咖啡Espresso或使用Espresso做成特调饮品，
可以用不同的方法冲煮出带有Espresso风味的**浓咖啡**。
虽然这不是真正的Espresso，但它绝对拥有"Espresso风味"。

不用咖啡机调制的
Espresso风味浓咖啡

调制方法有很多，其中的共通点在于：咖啡粉的分量和萃取量的比例。

Espresso标准比例 咖啡粉·12g 热水（萃取量）·250mL	**浓咖啡比例** 咖啡粉·15g 热水（萃取量）·100mL	**以标准比例 冲煮的咖啡**	**浓咖啡**

图片中的咖啡是用滤纸滴漏法冲煮的，
也可以用塞风壶、爱乐压、法式滤压壶等器具冲煮。
另外，还能通过咖啡粉的分量调整浓度。
虽然统称为**"浓咖啡"**，却能通过冲煮方法的不同和浓淡差异，
使味道有所变化，
依照菜单选择是个很不错的方法。

我会思考这个菜单：要做出多少分量？
　　　　　　　要用哪一种咖啡豆、怎么混合？
　　　　　　　要用哪一种烘焙方法、研磨方法？
　　　　　　　要使用哪一种器具萃取？

从下页开始，我将介绍依菜单区分的**浓咖啡**冲煮方法。
依照菜单，可能会有例如"要像鸡尾酒那样的口感，
不需要像浓缩咖啡Espresso那么浓，
却要比一般的滴漏式咖啡浓一点"的情形。

> **使用到的混合方法**
> 用于浓咖啡的混合方法，有称为Vita Blend（作者独创特调）和Italian Blend（意式风味特调）这两种。
> Vita Blend是均匀混合了圆润的果香酸味和适当甜味的特调饮品。
> Italian Blend则是拥有深刻浓郁口感却带有清爽余韵的特调饮品。
>
> ● **Vita Blend（作者独创特调）**
> 巴西5：危地马拉2：哥伦比亚3
>
> ● **Italian Blend（意式风味特调）**
> 哥伦比亚5：巴西3.5：危地马拉1.5

萃取拿铁使用的浓咖啡

espresso-like coffee for 'caffè latte'

将奶泡加入浓缩咖啡Espresso里，就会成为卡布奇诺或拿铁。
基本的卡布奇诺是Espresso 30mL加上鲜奶120mL。
倒入比这个比例更多的鲜奶，就会成为拿铁。
用**浓咖啡**代替Espresso时，为了不让咖啡的香味消失，要用香气浓醇的咖啡。
图片是冰拿铁。做成热饮时，要使用法式滤压壶萃取，再放入符合分量的奶泡
（奶泡的调制方法参照P.29）。

萃取方法	热饮－法式滤压壶
	冰饮－爱乐压热水
热水	50mL
萃取量	30mL
咖啡粉	12g
混合方法	Vita Blend（P.33）
烘培方法	中度烘焙
研磨方法	热饮－中研磨
	冰饮－细研磨

冰拿铁

freddo latte

材料
浓咖啡　30mL
鲜奶　120mL
冰块　适量

做法
1　将鲜奶和冰块放入玻璃杯里。
2　参照P.21爱乐压的冲煮方法，将活塞组装到针筒刻度2的位置，将浓咖啡直接萃取到1的玻璃杯内。

萃取冰沙使用的浓咖啡
espresso-like coffee for 'granita'

冰沙，是咖啡和冰块混合而成的一种雪泥。
使用以滤纸滴漏法冲煮的**浓咖啡**，做出口感清爽又带有甜味的饮品。

萃取方法	滤纸滴漏法
热水	适量
萃取量	100mL
咖啡粉	15g
混合方法	Vita Blend（P.33）
烘培方法	中度烘焙
研磨方法	细研磨

冰沙
granita

材料
浓咖啡　100mL
冰块　100g
糖浆　14mL

做法
1　萃取浓咖啡，冷却至常温。
2　将1和冰块、糖浆放入果汁机里，断断续续地启动开关搅拌。

＊由于要搅碎冰块，建议果汁机使用装有镀钛钢刀的产品。

萃取阿芙佳朵使用的浓咖啡
espresso-like coffee for 'affogato al caffè'

在意大利文中代表"淹没"意思的阿芙佳朵（Affogato），
是一种在香草冰激凌上淋上Espresso的创意饮品。
利用滤纸滴漏法，冲煮出浓郁的Italian Blend（内含50%带有微酸味的哥伦比亚）。

萃取方法	滤纸滴漏法
热水	适量
萃取量	100mL
咖啡粉	15g
混合方法	Italian Blend（P.33）
烘培方法	深度烘焙
研磨方法	细研磨

阿芙佳朵
affogato al caffè

材料
浓咖啡　100mL
香草冰激凌　适量

做法
1　萃取浓咖啡。
2　将香草冰激凌装在容器里，
　　趁1还滚烫时淋在冰激凌上。

萃取南瓜咖啡使用的浓咖啡
espresso-like coffee for 'coffee squash'

含有碳酸的Espresso，这次是用**浓咖啡**代替。
如果是用刚萃取好的Espresso调制，
放入气泡后会发泡过多，可以稍微加入一点水。
如果使用气泡式矿泉水代替碳酸水，就会减弱刺激，
不太爱饮用碳酸的人也能滑顺入口。

萃取方法	法式滤压壶
热水	100mL
萃取量	70mL
咖啡粉	12g
混合方法	Vita Blend（P.33）
烘培方法	中度烘焙
研磨方法	细研磨

南瓜咖啡
coffee squash

材料
浓咖啡　70mL
碳酸水　100mL
冰块　适量
糖浆　14mL

做法
1 萃取浓咖啡。
2 将大量冰块放入另一个容器内，再将1倒入，充分搅拌。
3 将冰块、糖浆、冷却的2倒入玻璃杯内。
4 注入碳酸水。

萃取调酒咖啡使用的浓咖啡
espresso-like coffee for mixology coffee

"mixology"是英文的mix（混合）和ology（科学）组合成的新词。
以使用了水果和蔬菜的Mixology Cocktail（特调鸡尾酒）为依据，
其咖啡版本的新词，就是Mixology Coffee（调酒咖啡）。
我做过很多次尝试，
依照实验结果，我认为做成无酒精类型更好喝。

萃取方法	法式滤压壶
热水	50mL
萃取量	30mL
咖啡粉	12g
混合方法	Vita Blend（P.33）
烘培方法	中度烘焙
研磨方法	细研磨

菠萝调酒咖啡
pineapple mixology coffee

将凝霜状、甜蜜香浓的牛奶咖啡倒在菠萝上，
再摆上切碎的紫苏叶进行装饰。
香浓的咖啡和酸甜的菠萝配上紫苏，堪称是香气强烈的伙伴。
虽然是令人意想不到、别出心裁的搭配组合，
但它自然融合的性质，
却是这道调酒咖啡的趣味所在。

材料

浓咖啡　25mL
砂糖　4g
鲜奶　70mL
菠萝（冷冻）　15g
调味糖浆
[菠萝汁　25mL
[糖浆　25mL
紫苏叶（切碎）　适量

做法

1　萃取浓咖啡，并趁热放入砂糖使其溶解，倒入冰凉的鲜奶，打发成光滑、浓稠的泡沫（图片a、b）。
2　将冷冻的菠萝直接放入玻璃杯中，倒入菠萝汁和糖浆混合的调味糖浆（图片c）。
3　将1注入到2的玻璃杯中，再摆上紫苏叶装饰（图片d、e）。

a　在溶入砂糖的浓咖啡中加入冰凉的鲜奶。

b 倾斜大水杯，用电动奶泡器打发出泡沫。

c 在装有菠萝的玻璃杯内注入调味糖浆。

d 以绕圈的方式倒入浓咖啡。

e 摆上紫苏，就完成了。

土豆调酒咖啡
potato mixology coffee

将土豆泥放入溶有砂糖的浓咖啡里，再加入盐和胡椒。
直接端上桌，品尝时再搅拌混合。
为了保留土豆泥本身的口感，调制时不用过筛，
粗略捣碎即可。
其凝缩紧致的味道，让人感觉像是在食用料理一般。

材料
浓咖啡　20mL
砂糖　4g
土豆泥
┌ 土豆　50g
└ 鲜奶　50mL
盐、胡椒　各适量
＊鲜奶的分量依个人喜好增减。

做法
1　将土豆用保鲜膜包起来，用微波炉加热约8分钟后剥掉外皮。将土豆捣碎后倒入鲜奶，混合搅拌成平滑柔软的土豆泥，放冷备用。
2　萃取浓咖啡，降至微温的状态，再放入砂糖溶解，倒入玻璃杯中（图片a）。
3　将土豆泥放入2的玻璃杯中，撒上盐和胡椒（图片b~d）。

a　将溶入砂糖的浓咖啡倒入玻璃杯中。

b　放入土豆泥。

c　撒一点盐。

d　撒上胡椒，就完成了。

萃取咖啡调酒使用的咖啡
coffee for coffee cocktail

咖啡和酒的调性很适合，能散发出与单纯品尝咖啡截然不同的风味。在此将介绍以白兰地为基调的皇家咖啡（café royal）等5种不同特色的咖啡调酒。咖啡则选用由塞风壶冲煮、带有适度咖啡油脂的咖啡。

萃取方法	塞风壶
热水	160mL
萃取量	130mL
咖啡粉	12g
混合方法	Italian Blend（P.33）
烘培方法	深度烘焙
研磨方法	细研磨

皇家咖啡
café royal

这是能同时享受
调制氛围的调酒。

材料
调酒用咖啡　150mL
白兰地　10mL
方糖　1块

做法
1　萃取调酒要用的咖啡，在咖啡杯内装入所需的分量。
2　在长柄咖啡汤匙上的方糖上滴几滴白兰地，点火烤一下方糖。
3　火熄灭后，将方糖放入咖啡里。

爱尔兰咖啡
irish coffee

一接近杯子就能闻到威士忌的香气，
这是一款添加了鲜奶油的咖啡。

材料
调酒用咖啡　120mL
爱尔兰威士忌　15mL
鲜奶油　30mL

做法
1　萃取调酒要用的咖啡，在玻璃
　　杯内装入所需的分量。
2　将鲜奶油打发成泡沫，倒入爱
　　尔兰威士忌调和。
3　将2注入到1里。

波本咖啡
café bourbons

在法国波本一带流传的，
含有雪利酒的咖啡调酒。

材料
调酒用咖啡　100mL
雪利酒　10mL

做法
1　萃取调酒要用的咖啡，在咖啡杯内装入所
　　需的分量。
2　加入雪利酒，稍微搅拌一下，就完成了。

＊雪利酒使用西班牙产的"TIOPEPE"。

牙买加魔幻咖啡
jamaican magic

在含有莱姆酒的咖啡中添加肉桂末，
是能享受肉桂香气的咖啡调酒。

材料
调酒用咖啡　120mL
莱姆酒　10mL
鲜奶油　30mL
肉桂　少许

做法

1　萃取调酒要用的咖啡，在咖
　　啡杯内装入所需的分量。

2　将莱姆酒混合到1里，让打
　　发成泡沫的鲜奶油漂浮在上
　　面。

3　磨一些肉桂末撒在上面。

亚历山大咖啡
café alexander

掺入两种酒的浓郁鸡尾酒。

材料
调酒用咖啡　150mL
咖啡利口酒　10mL
白兰地　10mL

做法

1　萃取调酒要用的咖啡，冷却成冰咖啡。

2　加入咖啡利口酒和白兰地，稍微搅拌一下，
　　就完成了。

サルビア珈琲（撒尔维亚咖啡）

　　位于日本岛根县安来市的サルビア咖啡（撒尔维亚咖啡），是我展开咖啡生活的起点。这里是我的老家，是一间由父亲于1967年7月8日创立、经营超过40余年的老店铺，也是我心中超越永恒的存在。它正式对外营业的日子，正是与我生日同一天的7月8日（我前几天才知道此事）。

　　父亲从一般咖啡店转换成自家咖啡烘焙店，是在我读初中的时候。当时，父亲从岛根前往东京参加咖啡烘焙的研习，学习相关的技术。之后，两个儿子都从事经营咖啡店的相关工作。其实，我父亲曾对我说过"只要是做自己喜欢的事，任何工作都可以"，从来没有要求过我从事咖啡相关的职业。但我每次回家，总是看见父亲越过吧台与顾客一边愉快地谈话，一边冲煮着咖啡。这个光景，至今仍深深烙印在我心里。

　　我在学习蛋糕制作技术的第二三年时，实在辛苦异常，从而有了放弃学习的念头。当时，我在电话中对父亲说"我想要放弃了"的时候，父亲回答我："你认为你能够活多少年？生命当中的这两三年，相比之下只是微不足道的极短时光！如果只是因为辛苦就要放弃，那你也不用回来了！"我在之后的6年完成了蛋糕相关技术的研修。父亲当时所说的这些话，我至今仍牢牢记着。

　　另外还有个无法忽略的，是我母亲的存在。她始终是最佳的理解者，长久以来都抱着要勇于尝试、鼓励发现的态度，若是尝试地顺利，那自然是极好，若是不行就鼓励我们重新思考。即使现在他们都成了老爷爷、老奶奶，我仍衷心期望这间老铺"サルビア珈琲（撒尔维亚咖啡）"能继续愉快地经营下去。

CAFÉ ROSSO（罗素咖啡）

　　位于日本岛根县安来市的CAFÉ ROSSO（罗素咖啡），是我在WBC世界杯咖啡大师（World Barista Championship）竞赛中获得第2名的兄长——门胁洋之（Hiroyuki Kadowaki）开设在国道旁的店铺。

　　他的存在对我而言是非常重要的。他是一名浓缩咖啡Espresso的专家。我在サルビア珈琲（撒尔维亚咖啡）学习咖啡烘培时，也曾在CAFÉ ROSSO（罗素咖啡）工作，学习咖啡师（Espresso萃取师）的相关技巧。当时，1天练习约80杯，经过1年半的练习才终于做出卡布奇诺的拉花。他不厌其烦地指导我，时而严厉、时而温柔，真的让我非常感谢与感动。

　　现在，我们能在东京的展示会上站在同一个展位上，实在是件令我开心的事。而且，在2003年的JBC日本杯咖啡大师（Japan Barista Championship）的竞赛上，兄长获得了冠军，我获得了亚军。其后，我也在2008年获得了JBC竞赛的冠军。我只能说，这一切都是托兄长的福。从那次竞赛后，我在咖啡业界的舞台上瞬间变得宽广了起来。

　　哥哥的咖啡是"有神明寄宿在细节"的咖啡。正因为他会在不起眼的地方灌注心力，才能完成近乎完美的作品，我怎能不向他多多学习呢？只在竞赛中看过他的人或许会认为他是个顽固的职人（其实我看起来也是这样），甚至有人认为他不太容易交流，其实并非如此。

　　要凭着技术超过他非常困难，但我会不断努力，期许自己与他的差距不要太远。

咖啡是世界共通的饮品。
巴西的签约农家用印有3间店铺LOGO的麻布袋送来咖啡豆。

特调咖啡·菜单

　　如果能顺利地萃取出咖啡，加入各种材料调制的特调咖啡也会美味无比。特调咖啡基底的咖啡风味以浓缩咖啡Espresso为主，这可避免因加入其他材料而导致咖啡味道过淡。不过，如果没有浓缩咖啡机（Espresso Machine）冲煮Espresso，也可以自行冲煮出**"浓咖啡"**当做特调咖啡的基底。

各咖啡的标准萃取法

※可依个人喜好挑选咖啡豆的种类。

浓缩咖啡Espresso

＊当使用量超过30mL时，要每一份萃取出30mL再搭配使用。例如，使用60mL时，要萃取出30mL的2杯；使用90mL时，要萃取出30mL的3杯，再搭配着使用。

espresso 浓缩咖啡	
萃取方法	浓缩咖啡机
热水	适量
萃取量	30mL
咖啡粉	12~16g
烘焙程度	深度烘焙

浓咖啡

＊如果没有特别说明，请依右表的方法制作。咖啡粉的分量和萃取量将视咖啡的调制食谱而变化。如果有特别说明，请遵循说明萃取。

espresso-like coffee 浓咖啡	
萃取方法	法式滤压壶（French Press）
热水	50mL
萃取量	30mL
咖啡粉	12g
烘焙程度	深度烘焙

滴漏式咖啡

＊如果没有特别说明，请依右表的方法制作。咖啡粉的分量和萃取量将视咖啡的调制食谱而变化。如果有特别说明，请遵循说明萃取。

drip coffee 滴漏式咖啡	
萃取方法	滤纸滴漏法
热水	适量
萃取量	150mL
咖啡粉	15g
烘焙程度	中度烘焙

冰咖啡

＊可在萃取的咖啡中放入冰块，快速冷却做出冰咖啡。如果是浓缩咖啡Espresso或浓咖啡等分量较少的咖啡，可利用冰凉的鲜奶等冷却，即可直接使用。

iced coffee 冰咖啡	
萃取方法	滤纸滴漏法
热水	适量
萃取量	150mL
咖啡粉	15g
烘焙程度	深度烘焙

糖浆的调制方法

特调咖啡经常会使用糖浆。因为很容易制作，不妨一次多制作一些保存起来备用。

调制方法：将水和砂糖以1:1的比例放入小锅里，煮沸后冷却。

＊如果要将冰块放入果汁机里搅碎，建议选用配有镀钛钢刀的果汁机。

caffè limone

咖啡柠檬

用柠檬酸味带出柠檬芳香的咖啡。柠檬汁只添加1滴即可，如果放入太多柠檬，倒入鲜奶时柠檬酸会分解，需注意。

材料　　浓缩咖啡Espresso（或浓咖啡）　30mL
　　　　细砂糖　10g
　　　　柠檬汁　1滴
　　　　鲜奶　130mL
　　　　柠檬皮　1小片

做法　　**1**　将细砂糖、柠檬汁加入Espresso（或浓咖啡）中搅拌。
　　　　2　用鲜奶制作奶泡。为避免柠檬酸分解，温度保持在微温的55℃调制。
　　　　3　将2倒入1里，削一片柠檬皮挂在咖啡杯上。

＊奶泡的调制方法参照P.29。

干卡布奇诺

在Espresso中注入奶泡，即为卡布奇诺（Cappuccino）；上面摆放大量泡沫，就成了干卡布奇诺。经过一段时间后，泡沫会有凝固的感觉，能产生不同的风味。

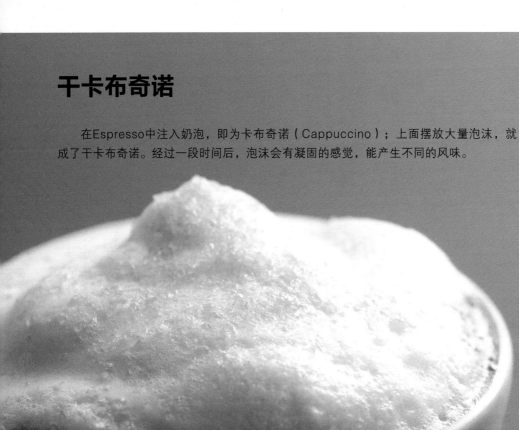

espresso
浓缩咖啡
espresso-like coffee
浓咖啡

dry cappuccino

材料　浓缩咖啡Espresso（或浓咖啡）　30mL
鲜奶　120mL
香草糖　适量

做法

1 用鲜奶制作奶泡，静置一段时间，使泡沫与液体分离。

2 将1的泡沫部分放在Espresso（或浓咖啡）上。

3 撒上香草糖。

奶泡的调制方法参照P.29。

caffè arancia

咖啡鲜橘

Arancia是意大利文的橘子。将橘子口味的冰冻果子露
浮放在咖啡上，边搅拌边品尝，能享受到清爽的香气哦！

材料　冰咖啡　100mL
　　　　柳橙汁　100mL
　　　　砂糖　50g
　　　　橘子（切片）　1小片

做法　**1** 将柳橙汁的一半（50mL）
　　　　倒入小锅里，用小火温热
　　　　至接近人体的温度后关火，
　　　　放入砂糖，砂糖溶解后再
　　　　将剩余的柳橙汁倒入。

　　　　2 将1倒入圆形的硅胶模具
　　　　内，放入冰箱冷冻。如果
　　　　没有硅胶模具，也可以使
　　　　用制冰盒。

　　　　3 将结冰的2放入玻璃杯中，
　　　　注入冰咖啡，再摆上切片
　　　　的橘子装饰。

Sakura

樱花

浓霜状奶昔风味的咖啡饮品。

整体糖度不一，呈现多层次感，咖啡浮在玫瑰果糖浆上，视觉效果非常好。

这是在2007年世界杯咖啡师大赛（World Barista Championship）上获得第4名的咖啡食谱。

材料　　浓缩咖啡Espresso（或浓咖啡）　30mL
　　　　玫瑰果糖浆
　　　　┌ 玫瑰果（茶包）　1个
　　　　├ 热水　100mL
　　　　└ 细砂糖　20g
　　　　鲜奶油　10mL
　　　　鲜奶　90mL
　　　　蛋黄　1个（约20g）

做法　　**1** 将玫瑰果的茶包放入杯里，注入热水，浸泡3分钟后取出茶包，再放入细砂糖搅拌，制作玫瑰果糖浆。

　　　　2 将鲜奶油和鲜奶放入小锅里混合，加热至70℃。

　　　　3 将Espresso（或浓咖啡）和蛋黄加入2里，用酒吧搅拌机搅拌至泛白状态。

　　　　4 将1注入到玻璃杯约半杯的位置，再缓慢地将3加入，做出层次感。

像是放在玫瑰果糖浆上一般，安静地倒入特调咖啡。

咖啡冰沙

只是单纯地将浓缩咖啡Espresso
或使用法式滤压壶（French Press）冲泡的浓咖啡摇晃一下，
就能够享受咖啡纯粹风味的冰凉饮品。

材料　浓缩咖啡Espresso＊
　　　（或浓咖啡）　60mL
　　　细砂糖　20g
　　　冰块（方形）　3个（约60g）
　　　咖啡豆　1粒

　　　＊萃取出2杯30mL的浓缩咖啡
　　　Espresso，以供调制。

做法　1　将细砂糖放入Espresso（或浓咖啡）
　　　　里溶解。

　　　2　在雪克杯中放入冰块和1，摇晃一下。

　　　3　倒入玻璃杯中，摆上咖啡豆装饰。

＊如果没有雪克杯，也可以用有盖子的瓶子代替。

浓缩咖啡

caffè shakerato

浓咖啡

twilight

暮光咖啡

使用柑橘的咖啡鸡尾酒。
这是在2003年世界杯咖啡师大赛（World Barista Championship）上获得第2名的特调饮品。

材料	
	浓缩咖啡Espresso（或浓咖啡） 30mL
	柳橙汁 20mL
	糖浆 10mL
	冰块（方形） 3个（约60g）
	橙子皮 1小片

做法　1　混合柳橙汁和糖浆，再倒入玻璃杯中。

　　　2　在雪克杯中放入冰块，再倒入Espresso
　　　　（或浓咖啡），摇晃一下，使其快速
　　　　冷却。

　　　3　在1的玻璃杯中放入顶端弯曲的汤匙，
　　　　让2沿着汤匙缓慢地流入玻璃杯中。

　　　4　将橙子皮削成弓形，摆在玻璃杯上装饰。

法瑞多特浓咖啡

不使用浓缩咖啡机（Espresso Machine），
而采用法式滤压壶（French Press）冲煮的浓咖啡。
鲜奶请准备冰凉的。

材料

浓咖啡　　130mL
细砂糖　　23g
冰块（方形）　6个（约120g）
鲜奶　　50mL

　用法式滤压壶，加入热水150mL冲
煮烘焙咖啡粉21g约4分钟后，滴漏出
浓咖啡。

做法

1　冲煮并滴漏出浓咖啡，然后放入冰块冷却。

2　将1的咖啡移放至其他容器中，加入细砂糖
　　搅拌，然后倒入鲜奶，再放入冰箱冷却。

3　用果汁机搅拌2和冰块，直至呈现平滑状态。

4　倒入玻璃杯即完成。

＊可以在上面放一些咖啡豆装饰。

Caffè Cioccolato

巧克力咖啡

将Espresso和牛奶巧克力混合，再将生奶油放在上面。
如果将咖啡稀释一点，就是小孩子也能品尝的巧克力拿铁。
撒上可可粉，可引出温热风味。

材料　浓缩咖啡Espresso（或浓咖啡）　30mL
　　　鲜奶　85mL
　　　巧克力糖浆　15mL
　　　鲜奶油　适量
　　　可可粉　适量

做法

1 将鲜奶和巧克力糖浆混合，用蒸汽机蒸一下。如果没有蒸汽机，可用小锅子温热。

2 将萃取的Espresso（或浓咖啡）倒入咖啡杯中，再加入1混合。

3 将鲜奶油打发成泡沫状，放在2的上方，并撒上可可粉。

iced banana mocha

冰香蕉摩卡

咖啡和香蕉的调性很合，只要在上面加上鲜奶油，
就成了无可挑剔的美味饮品。

材料　浓缩咖啡Espresso（或浓咖啡）　30mL
　　　　鲜奶　100mL
　　　　糖浆　10mL
　　　　冰块（方形）　1个（约20g）
　　　　鲜奶油　适量
　　　　香蕉　2小片
　　　　巧克力酱　适量

做法　1　将鲜奶、糖浆、冰块放入玻璃杯
　　　　　　中搅拌。

　　　　2　将Espresso（或浓咖啡）对着冰
　　　　　　块缓慢地倒入。

　　　　3　将鲜奶油打发成泡沫状，呈旋转
　　　　　　状挤进玻璃杯中，插上香蕉切片，
　　　　　　并淋上巧克力酱。

生姜咖啡

添加生姜糖浆，宛如草本茶的咖啡饮品。能够使身体温热。

滴漏式咖啡

caffe ginger

材料　滴漏式咖啡　120mL
生姜糖浆
┌ 生姜（1mm厚的切片）　7片
│ 热水　约150mL
└ 砂糖　50g

做法　1　制作生姜糖浆。将切片的生姜和
浸过生姜的热水（约150mL）放
入小锅里，用中火炖煮3分钟。

2　在1里放入砂糖，用汤匙搅拌，直
到煮沸。

3　沸腾后关火，待热度散去后取出
生姜。

4　将3的生姜糖浆（依个人喜好的
量）加入咖啡里，调和均匀。

honey macchiato

蜂蜜玛奇朵

在温热的咖啡牛奶里添加鲜奶油、蜂蜜和可可粉，
是任何人都喜欢的温暖组合。

材料　浓缩咖啡Espresso（或浓咖啡）　30mL
　　　　鲜奶　120mL
　　　　鲜奶油　适量
　　　　蜂蜜　适量
　　　　可可粉　适量

做法
1　用鲜奶制作奶泡，倒入玻璃杯内。
2　在1里注入Espresso（或浓咖啡）。
3　依序摆上泡沫状的鲜奶油、蜂蜜和可可粉。

＊奶泡的调制方法参照P.29。

麦芽特调咖啡

黑糖与咖啡充分融合，制作出浓郁风味。
在混合黑糖的咖啡牛奶上摆放棉花软糖，尽情享受棉花软糖在口中溶化的美妙滋味。

材料
浓缩咖啡Espresso（或浓咖啡）　30mL
鲜奶　120mL
黑糖　10g
棉花软糖　10个
黑蜜　10g

做法
1　用鲜奶制作奶泡。
2　将黑糖加入Espresso（或浓咖啡）中搅拌，再倒入1内。
3　摆上棉花软糖，再淋上黑蜜。

＊奶泡的调制方法参照P.29。

caffè marsh.

espresso
浓缩咖啡

espresso-like coffee
浓咖啡

espresso freddo

法瑞多浓缩咖啡

酷似咖啡风味的冰冻果子露，
具有意想不到的清爽风味。

材料	浓缩咖啡Espresso※
	（或浓咖啡） 90mL
	细砂糖 41g
	热水 20mL
	鲜奶 140mL
	水 80mL
	鲜奶油 适量

※萃取出3杯30mL的浓缩咖啡
Espresso，以供调制。

做法
1 将细砂糖和热水倒入小锅中，
开火炖煮至细砂糖完全溶解。

2 将1和Espresso（或浓咖
啡）混合，再加入鲜奶和水，
然后移放到搅拌盆里，放入
冰箱冷冻。

3 每隔30分钟搅拌一次，待呈
现出冰冻果子露的状态即完
成。用冰激凌勺挖成圆球放
入玻璃杯内，再摆放泡沫状
的鲜奶油。

※请勿使用玻璃材质的搅拌盆，以
免太冰而开裂。可使用不锈钢制品。

almond caffè latte

杏仁拿铁

利用杏仁糖浆引出坚果香气的拿铁。
使用浓缩咖啡Espresso或浓咖啡，
轻轻松松就能做出美味的杏仁拿铁。

材料　浓缩咖啡Espresso
（或浓咖啡）　30mL
冰　适量
杏仁糖浆　14mL
鲜奶　140mL
鲜奶油　适量
巧克力　适量

做法　1　将冰放入玻璃杯中，加入杏仁糖
浆和鲜奶，充分混合、搅拌。

2　将Espresso（或浓咖啡）对着1
淋上去，做出双层的状态。

3　将鲜奶油打发出泡沫，让泡沫流
入2中，再削一些巧克力碎屑撒
在上面。

巧克力康宝蓝

鲜奶油浓郁又充足的巧克力风味咖啡饮品。
如果没有鲜奶，也可以用奶泡代替。

chocorata con panna

材料　　浓缩咖啡Espresso（或浓咖啡）　30mL
　　　　巧克力糖浆　20mL
　　　　鲜奶　120mL
　　　　鲜奶油（尽量选用乳脂肪40%左右的产品）　约30mL
　　　　可可粉　适量
　　　　＊巧克力糖浆的分量依喜好增减。

做法　　1　将Espresso（或浓咖啡）和巧克力糖浆混合搅拌。
　　　　2　用鲜奶制作奶泡（也可以用温牛奶），放入1里搅拌。
　　　　3　挤出泡沫状的鲜奶油，再撒上可可粉。

＊奶泡的调制方法参照P.29。

coffee shaker

雪克咖啡

冰咖啡和香草冰激凌融为一体，
呈现出丰沛香草风味的手摇咖啡。

材料   冰咖啡专用咖啡　150mL
　　　　砂糖　15g
　　　　香草冰激凌　约100g
　　　　香草香精　适量

做法   **1** 将砂糖溶解在咖啡里，冷却后
　　　　　做成冰咖啡。
　　　 2 将1、香草冰激凌、香草香精倒
　　　　　入果汁机里，搅拌至呈现平滑
　　　　　状态，再倒入玻璃杯即完成。

酒香咖啡

在咖啡中添加带酸味的黑葡萄醋和葡萄汁，做出宛如葡萄酒的风味。
使用滤纸滴漏法萃取的纯净咖啡原液调制，
也可以用多余的咖啡调制。

winy coffee

drip coffee
滴漏式咖啡

材料　滴漏式咖啡　70mL
　　　酱汁
　　　┌ 黑葡萄醋　约15mL
　　　│ 葡萄汁（果汁100%）　50mL
　　　└ 砂糖　20g

做法　**1** 滴漏出咖啡后，将其冷却至常温状态，备用。

　　　2 将黑葡萄醋倒入小锅内，用小火煮一下。沸腾后关火，将砂糖放入溶解。砂糖完全溶解后倒入葡萄汁，放至常温（也可以冷藏成冰凉状态）。

　　　3 将2完成的酱汁10mL与冷却成常温的咖啡70mL混合，倒入玻璃杯（尽可能选用红酒杯）中。

＊酱汁和咖啡的比例可依喜好自行决定。

材料　　浓缩咖啡Espresso（或浓咖啡）　30mL
　　　　鲜奶　120mL
　　　　白巧克力　20g
　　　　鲜奶油　适量
　　　　白巧克力（装饰用）　适量

＊使用浓咖啡时，需将浓咖啡的分量和鲜奶的分量都改为75mL。

white mocha

做法　　1　将Espresso（或浓咖啡）放入咖啡杯中，放入用切
　　　　　　片机削成细屑的白巧克力，使其溶解。
　　　　2　将温热过的鲜奶倒入1里混合。
　　　　3　将泡沫状的鲜奶油浮放在咖啡上，再将白巧克力细
　　　　　　屑摆在上面装饰。

白摩卡咖啡

如果使用浓缩咖啡Espresso，即参照食谱中的分量制作；
如果使用浓咖啡，需使用等量的咖啡和牛奶制作。
装饰得像雪一样的白摩卡咖啡，非常美丽！

choco pie

巧克派咖啡

咖啡上方浮放着鲜奶油和巧克力味的派，是呈现出咖啡牛奶风味的饮品。
直接饮用很美味，也可以用汤匙将派和鲜奶油舀起食用，可自由选择品尝方式。

材料
浓缩咖啡Espresso（或浓咖啡） 30mL
巧克力酱 10g
糖浆 10mL
鲜奶 120mL
鲜奶油 适量
派 适量
巧克力酱（装饰用） 适量

做法
1 将巧克力酱和糖浆放入咖啡杯中混合。
2 用鲜奶制作奶泡。
3 在1里依序放入Espresso（或浓咖啡）、奶泡，轻轻搅拌、混合。
4 将泡沫状的鲜奶油放在3上，然后在上面摆上派，并淋上巧克力酱，就完成了。

＊奶泡的调制方法参照P.29。

枫糖开心果拿铁

maple pistachio latte

枫糖的甜味与香气，加上开心果的酥脆口感，
是一喝就上瘾的美味拿铁。

材料　　浓缩咖啡Espresso（或浓咖啡）　　30mL
　　　　鲜奶　120mL
　　　　枫糖糖浆　15mL
　　　　鲜奶油　适量
　　　　枫糖　适量
　　　　开心果　1/2个

做法　　1　用鲜奶制作奶泡，与枫糖糖浆一起放入咖啡杯中
　　　　　　混合。
　　　　2　将Espresso（或浓咖啡）倒入1内，混合均匀。
　　　　3　将泡沫状的鲜奶油放在上面，淋上枫糖，然后将
　　　　　　开心果削成碎屑撒在上面。

　　　　奶泡的调制方法参照P.29。

焦糖奶香咖啡

散发着牛奶糖香味的焦糖冰沙，
是焦糖爱好者爱不释手的绝佳饮品。

espresso
浓缩咖啡
espresso-like coffee
浓咖啡

caramel creamer

材料	浓缩咖啡Espresso（或浓咖啡＊）	30mL
	鲜奶	120mL
	焦糖酱	10g
	糖浆	20mL
	鲜奶油	10mL
	冰块（方形）	6个（约120g）

＊冲泡浓咖啡时，在咖啡滤纸上放烘焙咖啡粉12g，用热水冲煮，萃取出浓咖啡30mL。

做法

1 将鲜奶、Espresso（或浓咖啡）、焦糖酱、糖浆、鲜奶油放入搅拌盆里，轻轻混合。

2 将1放入果汁机，加入冰块，用低速搅拌。

3 待冰块全部碎开后，倒入玻璃杯内，就完成了。

饼干雪克冰沙

平滑口感中留有饼干的颗粒感，
尽情享用名副其实的饼干雪克冰沙。

材料　浓缩咖啡Espresso（或浓咖啡）　30mL
　　　　鲜奶　100mL
　　　　糖浆　10mL
　　　　香草香精　1滴
　　　　巧克力酱　10g
　　　　巧克力饼干　1片
　　　　冰块（方形）　5个（约100g）

做法　1　将鲜奶、Espresso（或浓咖啡）放入搅
　　　　　　拌盆里混合，再加入糖浆、香草香精、
　　　　　　巧克力酱轻轻搅拌。
　　　　2　将1放入果汁机，加入冰块、巧克力饼
　　　　　　干，用低速搅拌至呈现平滑状。

caffè maple smoothie

枫糖咖啡雪泥

充足的鲜奶油泡沫带出分量感，能让饮品有"食用"的满足感！

材料		做法	
浓缩咖啡Espresso（或浓咖啡） 30mL		**1**	将枫糖糖浆、鲜奶、Espresso（或浓咖啡）、冰块放入果汁机里，搅拌至呈现出平滑状态。
枫糖糖浆 15mL		**2**	倒入玻璃杯中，在上面挤上充足的鲜奶油泡沫，并淋上枫糖糖浆。
鲜奶 100mL			
冰块（方形） 5个（约100g）			
鲜奶油 适量			
枫糖糖浆（装饰用） 适量			

枫糖香蕉拿铁

在利用香蕉糖浆带出香气与甜味的Espresso上注入鲜奶，调制出比重不同的双层感。
彻底搅拌后细细品尝。

材料　浓缩咖啡Espresso（或浓咖啡）　30mL
　　　香蕉糖浆　15mL
　　　冰块（方形）　2个（约40g）
　　　鲜奶　100mL
　　　鲜奶油　适量
　　　枫糖糖浆　适量

做法　1　将Espresso（或浓咖啡）和香蕉糖浆倒入玻璃杯中搅拌。
　　　2　将冰块放入1内，慢慢倒入鲜奶，让咖啡和鲜奶变成两层。
　　　3　上面摆放鲜奶油泡沫，再淋上枫糖糖浆。

maple banana latte

espresso
浓缩咖啡
espresso-like coffee
浓咖啡

marron latte

糖栗子拿铁

栗子香气搭配浓郁奶泡的拿铁，
是非常有秋天气息的饮品。
从杯底搅拌，细细品味！

材料　浓缩咖啡Espresso（或浓咖啡）　30mL
甜煮栗子（去皮）　15g
糖浆　10mL
鲜奶　150mL
黑蜜　适量

做法

1　将栗子切碎，放入咖啡杯里，再加入糖浆。

2　用鲜奶制作奶泡，倒入1的咖啡杯里。倒入时要缓慢，不要与杯底的栗子混合。

3　将Espresso（或浓咖啡）倒入2里。

4　淋上黑蜜，就完成了。

＊奶泡的调制方法参照P.29。

dolce VITA

材料　浓缩咖啡Espresso
　　　（或浓咖啡）　30mL
　　　细砂糖　4g
　　　鲜奶　30mL
　　　鲜奶油　30mL
　　　可可粉　适量

甜蜜人生

冠有店名的特调咖啡。
这是以"蒙地卡罗（Monte Carlo）"这个名字而闻名的咖啡作为基底，
加上本店特色的创意特调饮品。

做法　　**1**　将Espresso（或浓咖啡）倒入咖啡杯
　　　　　　中，加入细砂糖，使其溶解。

　　　　2　用鲜奶制作奶泡，倒入1里。

　　　　3　浮放泡沫状的鲜奶油，再撒上可可粉。

＊鲜奶油的分量依个人喜好增减。
＊奶泡的调制方法参照P.29。

red eye

红眼咖啡

红眼咖啡是提供给往返美国西海岸和东海岸勤奋工作的人们浓郁的滴漏式咖啡，由于能舒缓充血的眼睛（红眼）并提神而得此名。
工作辛劳的人一定要试试。

材料　浓缩咖啡Espresso（或浓咖啡）　30mL
咖啡（法式滤压壶咖啡）＊　150mL

＊冲泡咖啡时，在咖啡滤纸上放烘焙咖啡粉15g，用热水冲煮，萃取出150mL。

做法　1　将Espresso（或浓咖啡）倒入咖啡杯中，再加入咖啡混合即可。

cocco espresso

意式椰子咖啡

添加黑糖的浓郁Espresso。
玻璃杯缘粘上椰子粉，用雪花纷飞的装饰打造浪漫气氛。

材料　浓缩咖啡Espresso＊（或浓咖啡）　60mL
　　　　黑糖　10g
　　　　糖浆　10mL
　　　　椰子粉　适量

　　　　＊萃取出2杯30mL的浓缩咖啡Espresso，
　　　　以供调制。

做法　**1**　将黑糖溶解在Espresso（或
　　　　　　浓咖啡）中。

　　　　2　在玻璃杯缘抹上糖浆，将玻
　　　　　　璃杯倒放在椰子粉上，让杯
　　　　　　缘粘上椰子粉。

　　　　3　将1倒入2的玻璃杯内。

caffè vanilla shaker

香草雪克咖啡

能同时品尝到香草香味与咖啡冻口感的冰沙雪泥。
加有咖啡的黑色液体与没加咖啡的白色液体
呈现出双层状态，非常美丽。

材料　浓缩咖啡Espresso（或浓咖啡）　30mL
　　　　鲜奶　100mL
　　　　香草风味糖浆　20mL
　　　　冰块（方形）　5个（约100g）
　　　　咖啡冻　适量

　　　　＊咖啡冻的制作方法参照P.83。

做法　**1**　将鲜奶、香草风味糖浆、冰块放入果汁机，搅拌至冰
　　　　　沙状态。

　　　　2　从果汁机中取出1/3的量。

　　　　3　将Espresso（或浓咖啡）倒入果汁机内，再次开启
　　　　　搅拌。

　　　　4　将3倒入玻璃杯中，放上咖啡冻，再将2倒入，就完
　　　　　成了。

啤酒咖啡

caffè beer

将浓缩咖啡Espresso做成拿铁，是看起来像啤酒的充满乐趣的饮品。
可以使用玻璃杯，但如果用像啤酒杯的玻璃罐杯（Drinking jar），
品尝起来应该会更有趣味吧！

材料   浓缩咖啡Espresso＊（或浓咖啡）   60mL
             冰块（方形）   6个（约120g）
             鲜奶   300mL
             香草风味糖浆   20mL

             ＊萃取出2杯30mL的浓缩咖啡Espresso，以
             供调制。

做法   **1**   将全部材料混合，放入雪克杯里，摇晃均
                匀即可。

咖啡豆的烘焙色泽

虽然统称为咖啡豆，却会依各产地、标高、环境等因素的不同，使味道和烘焙方式有所差异。例如：深度烘焙或中度烘焙，有各种不同的烘焙方式。究竟是以什么标准来决定烘焙方式呢？

在我的店CAFFÈ VITA，我会先用眼睛观察生豆状态，再使用水分计计算生豆的水分量，以此测量出生豆本身还残留多少水分。如果没有经过计算便直接烘焙，生豆容易烧焦。我们经常可以看到"苦味深度烘焙"这种类型，其实这一类咖啡豆就是烘焙时计算失误烧焦的证明。简单说来，喉咙中残留的烧焦味，就是烘焙过头的表现。

掌握生豆的水分含量是烘焙出美味咖啡豆的关键。水分含量较多的生豆适合深度烘焙，而水分含量较少的生豆适合中度烘焙。

附带一提，图片中右侧的是巴西，左侧是曼特宁。仅用眼睛看就知道曼特宁的颜色比较深，所以水分含量比较多。说不定各位读者在店里看见生豆，就知道该使用哪种程度的烘焙方式了呢！

咖啡风味甜点·菜单

在经营CAFFÈ VITA之前，我在日本大阪的法式蛋糕店（Pâtisserie）学习了6年甜点制作。我至今仍非常喜欢制作甜点，也会在CAFFÈ VITA依季节推出数种简约的甜点供顾客品尝。本书的主题是咖啡，因此我将所有的甜点调制成了咖啡风味，设计出本单元的甜点菜单。

做出咖啡风味有以下3种方法。

1 使用萃取的咖啡

例如……

在用水溶解低筋面粉（蛋糕粉）的这个步骤，将水换成咖啡；或者使用鲜奶时，换成咖啡牛奶。

必须要注意的是，液体分量不要超出规定的范围。

如果原本食谱中记载的是"使用鲜奶100mL"，那么，即使在鲜奶中加入咖啡，混合后也必须是100mL。

2 使用咖啡粉

例如……

使用像饼干这种干燥类型的点心时，可以将咖啡粉放入粉类中一起调制。

煮沸鲜奶油时，不是像鲜奶一样与咖啡混合，而是在加热鲜奶油时加入粉末状的咖啡粉，再用滤茶器具过滤。

咖啡粉使用粗颗粒的滴漏式咖啡专用的种类较佳。

3 将咖啡做成酱汁

例如……

在可丽饼这种薄烤饼的点心上，将萃取的咖啡当做点心酱使用。可以直接使用浓缩咖啡Espresso，也可以稍微加一点鲜奶做成拿铁风味再淋上去。咖啡酱不要再加糖，让甜点心搭配略有苦味的咖啡酱，更有成熟的风味。

标示的赏味期限为预估值，请尽早食用完毕；没有标示赏味期限的甜点，请在出炉后尽早食用完毕。

coppa di gelatina di caffè

冰激凌咖啡水果冻

市面上有许多市售的现成咖啡冻，
但如果用自己冲煮的咖啡制作，必定别有风味。

材料　咖啡冻使用的咖啡（如下）　150mL
　　　细砂糖　15g
　　　吉利丁（片状凝胶）　4g
　　　玉米片　适量
　　　派　60g
　　　鲜奶油　适量
　　　冰激凌（依个人喜好选择）　适量
　　　薄荷　少许
　　　水果（依个人喜好选择）　适量

做法　**1** 萃取出咖啡冻使用的咖啡，放入细砂糖和用冰水软化的
　　　　　吉利丁（片状凝胶），充分混合至溶解。
　　　2 将1倒入浅底的大烤盘中，放入冰箱冷藏4小时，凝固
　　　　　成咖啡冻。
　　　3 将玉米片放入玻璃杯至大约1/3的位置，再放入2的咖啡
　　　　　冻，然后将派弄碎放在上面。
　　　4 装饰上冰激凌、泡沫状的鲜奶油、水果、薄荷，就完成了。

＊吉利丁（片状凝胶）浸在冰水中软化，能够软化成不溶化的状态。

咖啡冻使用的咖啡

coffee for 'gelatina di caffè'

萃取方法	滤纸滴漏法
热水	适量
萃取量	150mL
咖啡粉	15g
混合方法	依个人喜好选择
烘焙程度	深度烘焙
研磨方法	细研磨

bignè alla crema di caffè latte

咖啡牛奶泡芙

制作泡芙面糊时，要迅速混合、搅拌，使食材融为一体，这是重点！材料很烫，要小心！

材料（约10个的量）

泡芙面糊
- 浓缩咖啡Espresso（或浓咖啡）　20mL
- 鲜奶　80mL
- 无盐黄油　60g
- 细砂糖A　5g
- 低筋面粉（蛋糕粉）　70g
- 蛋　100g

拿铁咖啡奶油（内馅）
- 浓缩咖啡Espresso（或浓咖啡）　30mL
- 鲜奶油　150mL
- 细砂糖B　15g

做法

1　烤箱预热至200℃备用。

2　将Espresso（或浓咖啡）、鲜奶、黄油、细砂糖A放入小锅里，加热至接近沸腾。

3　关掉2的火，分2次撒上低筋面粉（蛋糕粉）充分揉捏。用木铲或抹刀快速搅拌，直到面糊没有突出的颗粒，融合成一体为止。

4　融为一体后，再少量多次地将打散的蛋液混合进去。

＊一次倒入太多会使蛋液分离，需逐渐混合进去。

5　倒完蛋液后，将面糊装入挤花袋，以从上落下的感觉，在铺有烘焙纸的烤盘上挤出个人喜欢的面糊大小。

＊图片的泡芙是制作成直径约7cm的圆形。

6　放入预热的烤箱中，烘烤约15分钟后，将温度降至180℃，再烤约15分钟。

7　烘烤好的泡芙成品恢复到常温后，切开泡芙上方的1/3，将拿铁咖啡奶油的内馅挤到泡芙里，就完成了。

＊可依个人喜好用滤茶器撒上糖粉。
＊直接食用会有酥脆的口感，冷藏后食用则略有润泽的风味，请依个人喜好品尝。

café macaron

咖啡风味马卡龙

酥脆易入口的马卡龙。蛋白部分要轻轻搅拌。
如果混合到有哪处特别凸起，就是搅拌过度了。

材料
咖啡粉（极细研磨） 4g
蛋白 80g
糖粉 120g
可可粉 5g

＊使用浓缩咖啡Espresso用的极细
研磨的咖啡粉。

做法

1 烤箱预热至110℃备用。

2 将蛋白打散，等到稍微有点变白
后分2或3次放入糖粉，打发至微
微膨起。

3 将可可粉和咖啡粉放入2里，用
抹刀从底部像是写日文字"の"
一样，慢慢搅拌。

4 将3放入装有圆形花嘴的挤花袋
里，在铺有烘焙纸的烤盘上挤成
直径约4cm的圆形。没有挤花袋
时，也可以用大尺寸的汤匙挖出
面糊。

5 放入预热的烤箱中，烘烤约2小
时，等刚烤好的热度散去，就完
成了。

＊放入密闭容器内常温保存，赏味
期限约1星期。

coffee rusk

咖啡风味的烤面包片

黑色是浓缩咖啡Espresso浸渍入味后呈现出来的咖啡色泽。
可搭配咖啡一起享用。

材料
浓缩咖啡Espresso （或浓咖啡） 60mL
棒状长面包 1/2条
细砂糖 适量
＊萃取出2杯30mL的浓缩咖啡Espresso，以供调制。

做法
1 烤箱预热至170℃备用。
2 棒状长面包切成个人喜欢的厚度。
3 将棒状长面包片厚度的一半浸渍到Espresso（或浓咖啡）中。
4 将3浸渍的那一面撒上细砂糖。
5 放入预热的烤箱中，烘烤约15分钟，就完成了。

＊放入密闭容器内常温保存，赏味期限约1星期。

咖啡费南雪金砖蛋糕

轻松烘烤出湿润的费南雪金砖蛋糕。
只是单纯混合材料就能简单完成的面糊，为防止打蛋器打出太多泡沫，需改用抹刀混合。

材料
咖啡粉（极细研磨）　8g
杏仁粉　50g
糖粉　110g
低筋面粉（蛋糕粉）　60g
蛋白　120g
无盐黄油　50g
＊使用浓缩咖啡Espresso用的极细研
磨的咖啡粉。

做法

1　烤箱预热至200℃备用。

2　混合杏仁粉、糖粉、低筋面粉（蛋糕粉）、咖啡粉，再放入搅拌盆里。

3　将蛋白打散（不要打出泡沫），然后少量多次地倒入2里，用抹刀充分搅拌，以免面糊结块。

4　用隔水加热的方式融化黄油，放入3里混合均匀，放在冰箱冷藏约1小时。

5　在费南雪金砖蛋糕模具上抹上薄薄一层无盐黄油（分量外），让4顺着汤匙等用具流进模具里。

6　放入预热的烤箱中，烘烤约20分钟。

7　从模具里取出，等刚烤好的热度散去，就完成了。

＊放入密闭容器内常温保存，赏味期限约1星期。

café langue de chat

咖啡侬格酥

轻薄不甜腻，是侬格酥的特征。
做成咖啡风味也不会改变那让人安心的原始美味。

材料

咖啡粉（极细研磨）　5g

无盐黄油　100g

糖粉　100g

蛋白　90g

低筋面粉（蛋糕粉）　100g

香草油　2滴

杏仁薄片（依个人喜好选用）　适量

＊使用浓缩咖啡Espresso用的极细研磨的咖啡粉。

做法

1　烤箱预热至160℃备用。

2　将黄油放置在常温中回软，用打蛋器混合成膏状，放入糖粉搅拌至泛白。

3　将蛋白加入2里，充分搅拌至呈现出平滑状态。

4　将低筋面粉（蛋糕粉）和咖啡粉混合过筛，再加入3里，搅拌至没有粉状颗粒感后放入香草油，继续搅拌至完全融合。

5　将4放入装有圆形花嘴的挤花袋里，在铺有烘焙纸的烤盘上挤成直径2～3cm的圆形。烘烤出炉时会膨胀成4～5cm宽，所以放在烘焙纸上的时候要预留膨胀的空间。如果要添加杏仁薄片，可在这时摆放上去。

6　放入预热的烤箱中，烘烤15～20分钟，充分冷却，就完成了。

＊放入密闭容器内常温保存，赏味期限约1星期。

coffee blueberry muffin
咖啡蓝莓马芬

奶酪和蓝莓组合的马芬，
用浓缩咖啡Espresso调制成咖啡风味。
粗质地的口感与咖啡很搭哦！

材料（4个的量）
浓缩咖啡Espresso（或浓咖啡） 20mL
无盐黄油 75g
奶油奶酪 40g
细砂糖 80g
蛋 1个（约50g）
低筋面粉（蛋糕粉） 120g
发酵粉 4g
鲜奶 10mL
蓝莓 30g

做法

1　烤箱预热至190℃备用。

2　将低筋面粉（蛋糕粉）、发酵粉放入搅拌盆中，用抹刀轻轻搅拌。

3　在耐热容器里放入黄油、奶油奶酪，用微波炉加热约30秒后放入细砂糖，搅拌到细砂糖溶解为止，然后少量多次地倒入打散的蛋液。

4　将3少量多次地倒入2里混合，揉捏至食材融为一体。

5　混入鲜奶、Espresso（或浓咖啡）并加以搅拌，然后加入蓝莓继续混合。

6　将5倒入纸制的马芬模具中约八分满。

7　放入预热的烤箱中，烘烤约25分钟，冷却至常温，就完成了。

caramello al caffè

咖啡牛奶糖

手工制作的牛奶糖。
火开得太大或煮太久，都会使牛奶糖变硬，需特别留意！
刚做好的时候非常烫，所以在热度未散去之前千万不要触摸哦！

材料

浓缩咖啡Espresso✳
（或浓咖啡） 60mL
鲜奶 250mL
鲜奶油 100mL
砂糖 36g
蜂蜜 25g
香草油 1mL

✳萃取出2杯30mL的浓缩咖啡Espresso，
以供调制。

做法

1 将所有材料放入有铁氟龙涂层的不沾平底锅（或小锅）中，用抹刀边搅拌边用中火炖煮。

2 快要沸腾时转为小火，继续搅拌。

3 用小火边煮边搅拌约20分钟，慢慢会有点变色并变硬。
 ✳仔细搅拌，以免烧焦。

4 食材变硬后关火，放入铺有烘焙纸的小烤盘里，放在常温环境下让热度散去。

5 放入冰箱冷却后，切成容易食用的大小，就完成了。

✳注意：如果炖煮时火开得太大或煮太久，都会使牛奶糖变硬，要特别留意！刚做好的时候非常烫，在热度未散去之前千万不要触摸，以免烫伤！

✳放入密闭容器内常温保存，赏味期限约1星期。

soft mixture chocolate

生巧克力

带有浓醇咖啡味的生巧克力。
情人节时一定要做做看。

材料

咖啡粉（中研磨）　15g
调温巧克力（Couverture chocolate）（制作点心用）　100g
鲜奶油　100mL
可可粉　适量

做法

1　将巧克力切细，放入搅拌盆里隔水加热。

2　将鲜奶油放到小锅里，边搅拌边用中火加热到接近沸腾的程度。

3　将咖啡粉放到2里，搅拌约30秒，用滤茶器过滤后放入1里，搅拌均匀。

4　在浅底的大烤盘上贴上保鲜膜，将3的巧克力倒入。

5　热度散去后，放入冰箱冷却，然后切成喜欢的大小，其中一半撒上可可粉，
　　就完成了。

＊放入密闭容器内常温保存，赏味期限约4天。

tiramisù

提拉米苏

只要在搅拌盆里依序混合材料就行了，
超简单！

材料（方形15cm 1个的量）

浓缩咖啡Espresso（或浓咖啡）　30mL

细砂糖A　8g

鲜奶　50mL

奶油奶酪　100g

蛋黄　1个（20g）

细砂糖B　24g

鲜奶油　160mL

细砂糖C　16g

海绵蛋糕（方形15cm）　1个

可可粉　适量

＊海绵蛋糕也可以用卡斯提拉
（长崎蜂蜜蛋糕）代替。

做法

1　将奶油奶酪放置在室温中。

2　1变软后放入搅拌盆里，用抹刀搅拌成没有结块的稠状。

3　将蛋黄和细砂糖B混合进2里。

4　将鲜奶油和细砂糖C放到另一个搅拌盆里，打至八分发，分3
　　次倒入3里，用抹刀混合均匀。

5　将细砂糖A溶解到Espresso（或浓咖啡）里，再加入鲜奶。

6　将海绵蛋糕横切成2片。其中1片铺在模具上，抹上5一半的量，
　　再薄薄地倒一层4并抹平。将剩下的海绵蛋糕摆放在上面，抹
　　上5再倒入剩下的4，将表面抹平，放入冰箱冷却1小时。

7　切开6，撒上可可粉，盛放到容器里，就完成了。

材料

咖啡（极细研磨） 4g
蛋白 70g
细砂糖 15g
糖粉 35g
杏仁粉 55g
花生酱 适量
糖粉 适量

＊使用浓缩咖啡Espresso用的
极细研磨的咖啡粉。

做法

1 烤箱预热至150℃备用。

2 将蛋白和细砂糖放入搅拌盆里，用
   手动搅拌机打至七分发。

3 将糖粉、杏仁粉、咖啡粉混合过筛，
   分3次倒入2里。每次倒入后都缓慢
   地搅拌均匀。

4 将烘焙纸铺在烤盘上，再将3装入挤
   花袋挤压出来。挤出的大小可依个
   人喜好自行决定。

5 放入预热的烤箱中，烘烤约15分钟。

6 等热度散去，将花生酱夹在中间，
   并撒上糖粉，就完成了。

＊没有夹花生酱的状态下，放入密闭容
器内常温保存，赏味期限约1星期。

café dacquoise

法式咖啡达克瓦兹

将传统的法式点心杏仁蛋白饼达克瓦兹做成咖啡风味，再夹上花生酱。
非常适合搭配香浓的咖啡一起品尝哦！

apple coffee cake

苹果咖啡蛋糕

在散发咖啡与柠檬香气的面糊之间夹入美味的苹果。
苹果种类依个人喜好挑选。

材料（3cm×7.5cm×3cm，费南雪金砖
蛋糕模具6个的量）

浓缩咖啡Espresso（或浓咖啡）　30mL
苹果（切成5cm的块状）　1/2个份
细砂糖　15g
柠檬汁　1mL
无盐黄油　60g
黑糖　40g
蛋　1个（约50g）
低筋面粉（蛋糕粉）　70g
发酵粉　3g

做法

1　烤箱预热至170℃备用。

2　将切成块状的苹果放入小锅里开火加热，再放入细砂糖和柠檬汁，用抹刀边轻轻旋转边拌炒。

3　等2拌炒至稍微变色后取出。

4　将恢复至常温的黄油放入搅拌盆中，用抹刀搅拌至平滑状态，再放入黑糖继续搅拌。

5　将低筋面粉（蛋糕粉）和发酵粉混合过筛，分3次倒入4中混合均匀。

6　将蛋加入5里搅拌，再倒入Espresso（或浓咖啡）调制面糊。

7　将6的面糊倒入模具约1/4的位置，放入2的苹果，再倒入面糊。

8　放入预热的烤箱中，烘烤约30分钟，等热度散去，就完成了。

瑞士卷

rolled cake

| espresso 浓缩咖啡 |
| espresso-like coffee 浓咖啡 |

用松软的海绵蛋糕包裹分量充足的鲜奶油和水果，是令人熟悉的瑞士卷蛋糕。
这次制作的是香蕉口味的瑞士卷。

材料（32cm×30cm的烤盘1片的量）
浓缩咖啡Espresso（或浓咖啡）　20mL
低筋面粉（蛋糕粉）　65g
玉米淀粉　25g
蛋　4个（约200g）
细砂糖　95g
鲜奶　10mL
色拉油　20g
鲜奶油　100g
香蕉　适量

做法

1　烤箱预热至160℃备用。

2　将蛋和细砂糖放入搅拌盆里，用手动搅拌机搅拌至泛白。搅拌结束的标准是，将打蛋器拿起来，能在面糊上画线般的硬度。

3　混合鲜奶、Espresso（或浓咖啡）、色拉油，加热至比人体略高的温度，备用。

4　将低筋面粉（蛋糕粉）、玉米淀粉混合过筛，分3次加入2里，每次加入后都用抹刀从搅拌盆的底部像捞起整个面糊一般搅拌。注意，过度搅拌会使面糊中的气泡消失，所以必须快速搅拌。

5　将加热的3慢慢放入4里搅拌均匀。

6　将5倒入铺有烘焙纸的烤盘上，放入预热的烤箱中，烘烤约15分钟。

7　冷却成常温后取下烘焙纸，另外铺上一张烘焙纸，将有烘烤色泽的那一面朝上，涂抹泡沫状的鲜奶油，再将香蕉包裹在里面卷起来，切成个人喜欢的大小，就完成了。

软饼干佐咖啡糖霜

水分饱满的软饼干。在一个搅拌盆中依序混合材料，制作面糊。
用烤箱烘烤约10分钟，淋上咖啡糖霜，就完成了。

材料（直径6cm，约15个的量）

咖啡糖霜

┌ 浓缩咖啡Espresso
│ （或浓咖啡） 适量
└ 糖粉 50g

无盐黄油 75g

细砂糖 50g

蔗糖 50g

蛋黄 1个（约20g）

低筋面粉（蛋糕粉） 175g

小苏打 1g

盐 1g

鲜奶 30mL

核桃 20g

做法

1 烤箱预热至160℃备用。

2 将黄油恢复至常温，放入细砂糖和蔗糖，搅拌至完全溶解。

3 将2搅拌至平滑的状态后放入蛋黄，继续搅拌至再次平滑的状态。

4 将低筋面粉（蛋糕粉）、小苏打、盐混合过筛，分3次加入3里搅拌。

*非常黏，要耐心搅拌。

5 将鲜奶少量多次地加入搅拌好的4中，继续搅拌。

6 将核桃切碎，放入5里搅拌。

7 将烘焙纸铺在烤盘上，再将6装入挤花袋，挤压成直径约6cm的圆形。

8 放入预热的烤箱中，烘烤约10分钟。

*由于是在柔软的状态下烘烤，要小心不要破坏饼干的形状。

9 制作咖啡糖霜。将冷却好的Espresso（或浓咖啡）少量多次地倒入糖粉中，同时用汤匙搅拌。

10 等8的热度散去，淋上9的咖啡糖霜，就完成了。

*放入有密闭封条的保存袋内常温保存，赏味期限约1星期。

espresso
浓缩咖啡
espresso-like coffee
浓咖啡

soft cookies with coffee icing

coffee pound cake

咖啡磅蛋糕

放入坚果的磅蛋糕。咖啡本身是树木的果实，
所以和坚果或巧克力都非常搭配。是一种让人安心的美味。

材料（6.5cm×17.5cm×4.5cm，耐热纸
制成的磅蛋糕模具1个的量）

浓缩咖啡Espresso（或浓咖啡）　30mL
无盐黄油　80g
巧克力　30g
细砂糖　100g
杏仁粉　40g
鲜奶　45mL
蛋　2个（约100g）
低筋面粉（蛋糕粉）　90g
发酵粉　1.2g
可可粉　20g
核桃、开心果　共30g

做法

1　烤箱预热至170℃备用。

2　将黄油恢复至常温。巧克力切碎并隔水加热至溶解。混合低
　　筋面粉（蛋糕粉）、发酵粉、可可粉，过筛备用。

3　将细砂糖、杏仁粉加入2的黄油里，用抹刀搅拌均匀。

4　将鲜奶、Espresso（或浓咖啡）混合到2的巧克力里，充分搅
　　拌后再加入打散的蛋液。

5　将2的低筋面粉（蛋糕粉）、发酵粉、可可粉大约分3次混合
　　到4里，边搅拌边倒入。

6　将核桃和开心果加入5里搅拌，再倒入模具里。

7　放入预热的烤箱中，烘烤约40分钟。

8　从模具中取出，等热度散去后切开，就完成了。

＊可以用泡沫状的鲜奶油、巧克力酱进行装饰。

西班牙油条

油炸点心是非常有家庭气氛又令人感觉亲切的食品。

混合面糊时很硬，要努力搓揉！油炸时也需小心不要烫伤！

材料

咖啡粉（极细研磨）　4g

鲜奶　150mL

无盐黄油　20g

低筋面粉（蛋糕粉）　20g

高筋面粉　80g

蛋　1个（约50g）

细砂糖　约70g

炸油　适量

＊使用浓缩咖啡Espresso用的极
细研磨的咖啡粉。

做法

1 将低筋面粉（蛋糕粉）、高筋面粉、咖啡粉混合过筛备用。

2 将黄油、鲜奶放入小锅内，开小火，黄油融化后用抹刀搅拌。

3 接近沸腾前关火，将1的粉类全部放入锅内，搅拌均匀。

4 分几次缓慢地倒入打散的蛋液，继续搅拌。

5 将大口径的星形花嘴装在挤花袋上，将4的面糊装进袋中，挤在剪成
条状的烘焙纸上。

6 平底锅里放油、开火，加热到170℃（热度以放入的面糊能在沉入锅
底前自行浮上来为标准）。

7 将5挤出的面糊连同烘焙纸，以面糊朝下的方式放入油里，并剥除烘
焙纸。

8 油炸约1分钟翻面，再炸约1分钟就可起锅。

9 等热度散去，依个人喜好撒上细砂糖，就完成了。

＊放入密闭容器内常温保存，赏味期限约1星期。

crème brûlée

焦糖布丁

焦糖布丁的乳霜口感真是让人欲罢不能。
混合搅拌蛋和细砂糖的步骤是这道甜点的重点，要充分搅拌哦!

材料（耐高温陶瓷烤碗模具4个的量）

浓缩咖啡Espresso＊
（或浓咖啡） 60mL
鲜奶 125mL
蛋 2个（约100g）
蛋黄 2个（约40g）
香草油 2g
细砂糖 40g

＊萃取出2杯30mL的浓缩咖啡Espresso，
以供调制。

做法

1 烤箱预热至150℃备用。

2 将鲜奶和Espresso（或浓咖啡）放入搅拌盆里，以隔水加热
的方式维持在60℃，备用。

3 将蛋和蛋黄放入另一个搅拌盆里，用打蛋器打散，再依序放
入香草油、细砂糖，持续搅拌至泛白为止。

4 将2混入3里，用抹刀搅拌，小心不要搅出泡沫。

5 用滤茶器等过滤进耐高温的陶瓷烤碗模具里，然后摆放在装
有热水的烤盘上。

6 放入预热的烤箱中烘烤约17分钟。面糊拱起成半圆状，就表
示烤好了。

7 放入冰箱冷却，完成。

＊如果有燃气喷枪（Burner），可在食用前撒上蔗糖，用喷枪
烧成微焦色再品尝。

意式浓缩咖啡松饼

在咖啡馆极受欢迎的松饼，是在家里也能轻松制作的点心。
做成咖啡风味，尽情品尝一流的咖啡馆风味点心。

espresso
浓缩咖啡
espresso-like coffee
浓咖啡

espresso pancake

材料（约10片的量）

浓缩咖啡Espresso（或浓咖啡） 30mL
无盐黄油 适量
低筋面粉（蛋糕粉） 150g
发酵粉 2g
蛋 1个（约50g）
鲜奶 80mL
蜂蜜 30g
冰激凌 适量
鲜奶油 适量
巧克力糖浆 适量

做法

1 在直径约10cm的松饼模具（圆形）内侧抹上薄薄一层黄油，备用。混合低筋面粉（蛋糕粉）和发酵粉，过筛后备用。

2 将蛋放入搅拌盆里，用抹刀搅散，再放入鲜奶、Espresso（或浓咖啡）、蜂蜜搅拌。

3 将过筛的低筋面粉（蛋糕粉）和发酵粉分3次放入2里，并用抹刀搅拌。

4 3的面糊完成后，用保鲜膜覆盖搅拌盆，放入冰箱冷却2小时。

5 将1的松饼模具放在平底锅上，开小火。

6 等平底锅和松饼模具都热了后，再将4的面糊倒入松饼模具里。

7 当面糊表面开始冒泡时翻面，背面也稍微煎一下。

8 盛放到容器里，倒入10%的巧克力糖浆，再摆上泡沫状的鲜奶油和冰激凌，最后淋上巧克力糖浆，就完成了。

gelée du café au lait

拿铁欧蕾果冻

玻璃杯内呈现出咖啡冻、鲜奶冻、
咖啡冻的三层美感。
可将弄碎的咖啡冻搭配冒泡的
鲜奶冻一起品尝。

材料

A ┌ 咖啡冻使用的咖啡＊　300mL
　├ 细砂糖　15g
　└ 吉利丁（片状凝胶）　6g
B ┌ 鲜奶　300mL
　├ 细砂糖　20g
　└ 吉利丁（片状凝胶）　6g
薄荷　少许

＊咖啡冻使用的咖啡食谱在P.83。

做法

1　用A材料制作咖啡冻。萃取出咖啡，放入
　细砂糖并搅拌溶解。

2　去除掉吉利丁（片状凝胶）上用冰水浸泡
　过的水汽，再放入1里搅拌至溶解。

3　将2倒入浅底烤盘里，放入冰箱冷却2小时
　使其凝固。

4　用B材料制作鲜奶冻。将鲜奶温热至约
　60℃后加入细砂糖，去除掉吉利丁（片状
　凝胶）上用冰水浸泡过的水汽后放入，搅
　拌至溶解。

5　将冰水装入搅拌盆里，再另取一个搅拌盆
　放在里面，然后将4倒入里面那个搅拌盆里。

6　用酒吧搅拌机搅拌5，使其呈现出奶油般
　的平滑状态。

7　将3的咖啡冻弄碎，装入玻璃杯中，将6倒
　入，然后在上面摆放咖啡冻，最后装饰薄
　荷，就完成了。

＊吉利丁（片状凝胶）浸在冰水中软化，能
够软化成不溶化的状态。

espresso
浓缩咖啡
espresso-like coffee
浓咖啡

coffee french toast

咖啡法式吐司

只要改变咖啡豆的种类，就能享受不同的口味。

材料

酱汁

> 浓缩咖啡Espresso（或浓咖啡）　30mL
> 砂糖　10g
> 蛋　1个（约50g）
> 细砂糖　30g
> 蜂蜜　10g
> 鲜奶油　40g
> 鲜奶　60mL

吐司　1片

无盐黄油　适量

冰激凌　适量

＊冰激凌可选用个人喜欢的种类。

做法

1　将砂糖溶解在Espresso（或浓咖啡）里，备用。

2　将蛋和细砂糖放入搅拌盆里，混合搅拌但不要搅出泡沫。

3　细砂糖溶解后，依序放入蜂蜜、鲜奶油、1的Espresso（或浓咖啡）、鲜奶，搅拌成酱汁。

4　将吐司切成9等份，浸在3的酱汁里。

5　等吐司的双面都充分浸饱酱汁后，在平底锅上抹一些黄油，放入吐司，小心不要弄坏吐司的形状，将吐司双面都煎一下。

6　煎出色泽后就可以盛到容器里，淋上剩余的酱汁，再摆放冰激凌，就完成了。

brownie

布朗尼

虽然是一边加粉一边搓揉面团，但每次加粉后，面团就会变硬，
所以这道点心的重点在于充分地搓揉。
以做出美味的布朗尼为目标，加油吧！

材料（方形18cm 1个的量）

咖啡粉（极细研磨） 10g
无盐黄油 85g
牛奶巧克力（制作点心用） 84g
细砂糖 80g
可可粉 20g
低筋面粉（蛋糕粉） 80g
蛋 2个（约100g）
核桃 70g

　使用浓缩咖啡Espresso用的极
细研磨的咖啡粉。

做法

1　烤箱预热至180℃备用。

2　将黄油和牛奶巧克力放入搅拌盆里，以隔水加热的方式使其溶解。

3　将细砂糖分3次加入2里，且每次加入后都要充分搅拌。

4　将可可粉、低筋面粉（蛋糕粉）、咖啡粉混合过筛，分3次放入3里，
且每次放入后都要用抹刀搅拌。等粉类都放完后，充分搓揉。

5　少量多次地将打散的蛋加到4里。一次全部倒入会使蛋液分离，请注
意！

6　加入核桃混合均匀后，倒至铺有烘焙纸的模具内。

7　放入预热的烤箱中，烘烤约15分钟。

8　烤好后切成个人喜欢的大小，就完成了。

＊由于使用了黄油和巧克力，因此在制作过程中材料一旦冷却就会变
硬。这时，可用隔水加热的方式温热材料。

＊放入密闭容器内常温保存，赏味期限约1星期。

espresso marble chiffon cake

意式浓缩咖啡大理石戚风蛋糕

膨松柔软的戚风蛋糕。戚风蛋糕的模具以铝制或纸制的较佳。
铁氟龙加工过的产品烘烤后会令面团滑动，无法烘烤出漂亮的成品。

材料（戚风蛋糕模具直径18cm 1个的量）
浓缩咖啡Espresso（或浓咖啡） 20mL
蛋黄 4个（约80g）
细砂糖A 42g
鲜奶 30mL
香草油 5滴
低筋面粉（蛋糕粉） 70g
蛋白 4个的量（约120g）
细砂糖B 44g
色拉油 45g
生奶油
  ┌ 鲜奶油 50g
  └ 细砂糖 5g
薄荷 少许

做法

1　烤箱预热至160℃备用。

2　混合蛋黄和细砂糖A，搅拌至泛白状态。

3　将加热至60℃的鲜奶和香草油混合到2里。

　＊面团会变松散，要慢慢搅拌。

4　使用手握式电动搅拌器打散蛋白。分3次加入细砂糖B，蛋白泛白后停止搅拌。

5　将3分2次倒入4里，用抹刀像是写日文字"の"一样，慢慢搅拌至呈现出大理石的状态。

6　将过筛的低筋面粉（蛋糕粉）分3次倒入5里，用抹刀像是写日文字"の"一样搅拌，每次倒入后都重复这个动作。

7　将色拉油加热至接近人体的温度，将抹刀放在6的面团上，顺着抹刀倒入色拉油，最后搅拌混合。

8　将Espresso（或浓咖啡）与7一半的面团充分混合，然后将混合好的面团放回7的搅拌盆，搅拌出大理石的纹理。

9　倒入模具里，放入预热的烤箱中烘烤约40分钟。

10　烤好后，将烘烤面朝下，放入搅拌盆等容器内冷却。将超出模具的部分切掉，然后将成品从模具中取出，切成喜欢的大小后装盘，挤上生奶油（打发成泡沫状）装饰，就完成了。

＊做法4的蛋白霜制作方法：使用手握式电动搅拌器搅拌，慢慢提起，搅拌器上的糊状滴落物缓慢滴落时即完成。一般常听到的说法是要搅拌到呈现凸起状态，但搅拌过度会变硬，使面团的融合状态变差，致使烘烤后面团没有膨胀起来。

crêpe avec source du café

咖啡薄烤饼

法式薄烤饼的咖啡风味版。
最后淋上浓缩咖啡Espresso和鲜奶调制的酱汁，
将切开薄烤饼蘸着酱汁品尝。

材料（约10片的量）

酱汁

浓缩咖啡Espresso
（或浓咖啡） 30mL
鲜奶 40mL

薄烤饼

低筋面粉（蛋糕粉） 120g
细砂糖 25g
盐 少许
鲜奶 220mL
鲜奶油 110g
香草油 2g
色拉油 30g
蛋 4个（约200g）

无盐黄油 适量

鲜奶油 适量

做法

1 制作薄烤饼。将低筋面粉（蛋糕粉）放入搅拌盆里过筛，再放入细砂糖和盐混合均匀。

2 将鲜奶（220mL）和鲜奶油（110g）混合，然后将一半的量放入1中混合。充分揉捏至呈现粘稠的感觉后，再少量多次地将香草油、色拉油、剩余一半的量放入混合。

3 将蛋打散后放入2中，慢慢搅拌，不要搅出泡沫。

4 在圆形的平底锅中放入无盐黄油加热，让3顺着汤勺流到平底锅正中央，摇晃平底锅让面糊扩散。用小火煎约30秒，用锅铲翻起面糊的边缘翻面，再煎大约同样的时间。

5 铺上保鲜膜，放上煎好的薄烤饼。

6 在薄烤饼上挤上泡沫状的鲜奶油，像包裹住鲜奶油一般折叠起来，盛放到容器上，再添加一些泡沫状的鲜奶油。

7 将混合了Espresso（或浓咖啡）和鲜奶（40mL）的酱汁淋在6的上方，就完成了。

*面糊放在冰箱内冷藏可保存2~3天。

coffee grapefruit ice cube

咖啡葡萄柚小冰砖

第一次品尝的人必定会对咖啡和葡萄柚汁能如此契合而感到惊喜不已。
做给小孩子食用时，不要添加君度橙酒哦！

材料（容易制作的分量）
冰咖啡专用咖啡＊　100mL
细砂糖　10g
粉红葡萄柚　3个
砂糖　100g
君度橙酒（Cointreau）　约2mL（依个
人喜好添加）
＊使用深度烘焙的咖啡粉（细研磨）12g
冲泡，并经过滤纸滴漏法萃取出100mL
的咖啡。

做法

1　将粉红葡萄柚去皮，取其中2个的果
　　肉，备用。

2　将剩余的那1个粉红葡萄柚的果肉与
　　砂糖、君度橙酒一起放到果汁机里，
　　低速搅拌。

3　将1的果肉切成喜欢的大小，与2的果
　　汁混合。

4　萃取出咖啡，将细砂糖溶解在咖啡里，
　　冷却后倒入制冰盒约1/4的高度，在冰
　　箱冷冻4小时以上。

5　将3的葡萄柚汁倒入已经结冻的4的上
　　方，再次放入冰箱冷冻。

6　全部结冻后盛放到容器内，就完成了。

法式巧克力蛋糕

gâteau au chocolat

为了让这个法式巧克力蛋糕呈现出丰沛的滋润感，
可在烤盘上注入热水，以隔水加热的方式烘烤。
模具务必使用底部不会脱落的类型。

材料（圆形模具直径16cm
1个的量）

浓缩咖啡Espresso
（或浓咖啡） 30mL
牛奶巧克力
（制作点心用） 127g
无盐黄油 127g
蛋黄 3个（约60g）
细砂糖A 30g
蛋白 3个的量（约90g）
细砂糖B 60g
可可粉 15g
低筋面粉（蛋糕粉） 85g
鲜奶油 适量
薄荷 少许

做法

1 烤箱预热至170℃备用。

2 将牛奶巧克力、黄油放入搅拌盆里，以隔水加热的方式溶解并混合。

3 在另一个搅拌盆里放入蛋黄、细砂糖A、Espresso（或浓咖啡），搅拌至稠状。

4 将3放入2里，用抹刀搅拌，再以隔水加热的方式保温备用（温度下降会变硬，需维持在50℃左右）。

5 用手动搅拌机制作蛋白霜。将细砂糖B分3次放入蛋白里，每次放入后都要用手动搅拌机搅拌，打发至搅拌器的糊状滴落物能垂落滴下的硬度为止。

6 将5大约分3次放入4里。每次放入后都要用抹刀搅拌，搅拌至大理石状后再放入蛋白霜，重复这个动作3次，在大理石状态下搅拌结束（打蛋器容易搅拌过度，最好使用抹刀搅拌）。

7 将可可粉、低筋面粉（蛋糕粉）混合过筛，分3次放入6里，每次都用抹刀从搅拌盆的底部像捞起整个面糊般慢慢搅拌。

8 倒入铺有纸型的模具中。面糊的量只要超过模具的2/3就成功了！

9 将模具放在烤盘上，倒入热水至模具的1/3高，然后放入预热的烤箱中，以隔水加热的方式烘烤约50分钟。从模具中取出，放至常温。

10 切成合适的大小盛放在容器上，加入泡沫状的鲜奶油和薄荷，就完成了。

caffè biscotti

咖啡意式脆饼

意式脆饼Biscotti的固定"伙伴"是咖啡。浸在咖啡里享用，风味更是一绝！
以下食谱切成了1cm的厚度，也可以依个人喜好增减厚度。

材料

咖啡粉（极细研磨）　10g
杏仁　20g
蛋　2个（约80g）
细砂糖　80g
低筋面粉（蛋糕粉）　200g
玉米淀粉　10g
　使用浓缩咖啡Espresso用
的极细研磨的咖啡粉。

做法

1　烤箱预热至170℃备用；杏仁对切成半备用。

2　用打蛋器像切开蛋一般打散，混入细砂糖搅拌。

3　将玉米淀粉、低筋面粉（蛋糕粉）、咖啡粉在搅拌盆里混合过筛，少量多
　　次地倒入2中，以切开的方式搅拌。由于是较硬的面糊，使用刮刀搅拌会
　　比较轻松。

4　融合成一体后，放入杏仁继续搓揉，然后放入模具内。

5　在烤盘上铺烘焙纸，放上4，放入预热的烤箱中烘烤约20分钟。

6　从烤箱中取出，切成1cm的厚度，摆在烤盘上。

7　将烤箱设定为150℃，烘烤10分钟后翻面，同样以150℃再烘烤10分钟。

8　取出后冷却至常温，就完成了。

　放入密闭容器内常温保存，赏味期限约1星期。

① column
专栏

CAFFÈ VITA（维塔咖啡）

右边这位是我的妻子理砂。她是2个孩子的母亲，也是活跃于第一线的咖啡师，曾参加过竞赛。左边这位是CAFFÈ VITA（维塔咖啡）的员工，神田香织小姐。目前正以独立开店为目标努力学习中。

＊理砂献给每位想在家里享受咖啡美味的朋友以下建议：
"要选择能轻松冲煮的方法，过度辛苦的冲煮方法难以持久。我认为"爱乐压"是不错的选择，它的前期操作和后续清理都很简单，也不会在忙碌的状态下造成负担。请尽情地享用清爽、香醇的咖啡！"

我的店CAFFÈ VITA（维塔咖啡）位于日本岛根县政府所在地"松江"的住宅区街道上。这家店是我以"连我自己都想去"为目标打造的店。我期望这家店是顾客在家庭与职场之间的中转站，因此我将这个信念放在店内的规划中，同时将这家店命名为CAFFÈ VITA（维塔咖啡），意为"有咖啡的生活"。店内用家庭常见的色调（红色、木纹色、银色、白色）统一风格，虽说是咖啡馆，菜单上却几乎没有点餐用的料理，这主要是因为我个人没有担任厨师的经验。我希望能打造出一家"专门店"，只要有自家烘焙的咖啡和自家制的手工蛋糕即可。

站在我身旁的这位是我的妻子。若没有她的协助，CAFFÈ VITA（维塔咖啡）应该无法顺利地持续经营至今（已达11年），对妻子充满万分感谢！另外这位是我所信赖的员工。如果没有她的努力，这家店不会有现在的景况。我不在店里时，她们也总是能利落地处理好每件事，真的谢谢她们。能无后顾之忧地参加竞赛和研习，都是因为有妻子的协助。即使店主（也就是我本人）脾气失控，她依然能正确且坚定地管理店内大小事务。我偶尔会想，我即使偷个闲、离开个半晌，应该也不会有什么问题吧。然而，我没有其他的容身之处，只好一直待在店里。

多亏有她们的协助，才能让我安心参加竞赛，在2008年获得日本第一名的殊荣。作为一名COFFEE JUNKIE（咖啡迷恋者），我会一直努力的！

CAFFÈ VITA
维塔咖啡

日本岛根县松江市学园2-5-3
电话 0852-20-0301
www.caffe-vita.com

图书在版编目（CIP）数据

冠军咖啡师的玩味技法 / (日) 门胁裕二著；张华
英译 . -- 北京：光明日报出版社，2016.1
ISBN 978-7-5112-9536-1

Ⅰ.①冠… Ⅱ.①门… ②张… Ⅲ.①咖啡 – 基本知
识 Ⅳ.① TS273

中国版本图书馆 CIP 数据核字 (2015) 第 274740 号

著作权合同登记号：图字 01-2015-7683

KADOWAKI YUJI NO COFFEE NO TANOSHIMIKATA
© YUJI KADOWAKI 2014
Originally published in Japan in 2014 by ASAHIYA SHUPPAN CO.,LTD..
Chinese translation rights arranged through DAIKOUSHA INC.,KAWAGOE.

冠军咖啡师的玩味技法

著　　者：(日) 门胁裕二　　　　　　　　　译　　者：张华英

责任编辑：李　娟　　　　　　　　　　　　策　　划：多采文化
责任校对：于晓艳　　　　　　　　　　　　装帧设计：水长流文化
责任印制：曹　净

出 版 方：光明日报出版社
地　　址：北京市东城区珠市口东大街 5 号，100062
电　　话：010-67022197（咨询）　　　　传　　真：010-67078227，67078255
网　　址：http://book.gmw.cn
E- mail：gmcbs@gmw.cn lijuan@gmw.cn
法律顾问：北京德恒律师事务所龚柳方律师

发 行 方：新经典发行有限公司
电　　话：010-62026811　　　E- mail：duocaiwenhua2014@163.com

印　　刷：北京艺堂印刷有限公司
本书如有破损、缺页、装订错误，请与本社联系调换

开　　本：750×1080　1/16
字　　数：110 千字　　　　　　　　　　　印　　张：7
版　　次：2016 年 2 月第 1 版　　　　　　印　　次：2016 年 2 月第 1 次印刷
书　　号：ISBN 978-7-5112-9536-1

定　　价：49.80 元